衷心感谢重庆大学资源与安全学院及

郭海校友等对本专著的资助

Carbon Neutrality
and Green Energy Systems

碳中和与
绿色能源系统

金安君　李勇 ◎ 著

北京大学出版社
PEKING UNIVERSITY PRESS

图书在版编目（CIP）数据

碳中和与绿色能源系统 / 金安君，李勇著 . – – 北京：北京大学出版社，2025. 5. – – ISBN 978 – 7 – 301 – 36261 – 7

Ⅰ. X511；F426. 2

中国国家版本馆 CIP 数据核字第 2025FA3469 号

书　　　　名	碳中和与绿色能源系统	
	TANZHONGHE YU LUSE NENGYUAN XITONG	
著 作 责 任 者	金安君　李　勇　著	
策 划 编 辑	王显超	
责 任 编 辑	许　飞	
标 准 书 号	ISBN 978 – 7 – 301 – 36261 – 7	
出 版 发 行	北京大学出版社	
地　　　　址	北京市海淀区成府路 205 号　　100871	
网　　　　址	http：//www. pup. cn　新浪微博：@ 北京大学出版社	
电 子 邮 箱	编辑部 pup6@ pup. cn　总编室 zpup@ pup. cn	
电　　　　话	邮购部 010 – 62752015　发行部 010 – 62750672	
	编辑部 010 – 62750667	
印 刷 者	北京九天鸿程印刷有限责任公司	
经 销 者	新华书店	
	720 毫米 × 1020 毫米　16 开本　13. 75 印张　222 千字	
	2025 年 5 月第 1 版　2025 年 5 月第 1 次印刷	
定　　　　价	89. 00 元	

编 委 会

序一

　　10 年前的 2015 年，中国为推进历史性的《巴黎协定》碳中和目标的达成，作出了关键贡献；5 年前的 2020 年，为提振全球气候雄心，中国向世界宣示"碳达峰碳中和"的时间表，展现了引领性的责任担当。2017 年，特朗普政府宣布美国退出《巴黎协定》，中国正式启动碳排放权交易，强力推进全球碳中和进程；2025 年，特朗普再次爽约，给年底举办的《联合国气候变化框架公约》第 30 次缔约方会议蒙上阴影，各缔约方深度纠结如何提交遵循 1.5℃温控要求减排路径的 2035 年的国家自主贡献目标。全球气候治理进程是向前还是退后，是求稳还是求快，是提速还是减速，虽然其总体方向是明确的，但在具体节奏的把控上，显然具有很大的不确定性。可见，2025 年对于全球决战碳中和，有着重要的历史地位和历史意义。

　　应该说，2015 年以来，全球气候治理取得了显著进展，国际社会不仅达成了 2050 年实现碳中和的共识，而且在联合国主导下逐步将碳中和进程向前推进。过去的 5 年中，即便是肆虐全球的新冠疫情也没能阻挡全球迈向碳中和的步伐。从 2021 年格拉斯哥的去煤抑或减煤共识的艰难达成，到 2022 年在沙姆沙伊赫决定设立损失损害基金，到 2023 年达成转型脱离化石燃料、实现 1.5℃温升管控目标的"阿联酋共识"，再到 2024 年达成设立气候资金的"巴库气候团结契约"，国际社会逐步扫除了全球碳中和的"拦路虎""绊脚石"，稳步推进着碳中和进程。对于我国而言，过去 5 年是非凡的 5 年，经济社会在各个方面绿色低碳转型加速，能源结构深入调整，化石能源占比从 2020 年的近 85％快速下降至接近 80％，降低了 4 个百分点；新能源发展迅速，风光等可再生能源装机首次超过火电，并提前实现可再生能源装机 12 亿千瓦的国际承诺；可再生能源发电量达 3.46 万亿千瓦时，占全国总发电量的 35％。在新冠疫情冲击、全球经济下行等不利的外部条件下，我国作为仍然以煤炭为主体能源的全球第二大经济体、全球最大的能源生产国和消费国，取得这样的成绩着实不易。

当然，我们也不可否认全球碳中和进程相对于在《巴黎协定》设定并在"阿联酋共识"中强化的目标，即"努力将温度上升幅度限制在1.5℃以内"并在2050年实现碳中和仍然有很大的差距。根据欧洲哥白尼气候数据服务机构最新数据，2024年4月为有记录以来第二热的4月，平均气温为14.96℃，比1850—1900年的平均值高出1.51℃。连续12个月的全球平均温度较工业化前水平上升了1.58℃。气候变化的速度远超全球碳减排的力度。极端天气事件频发、多发，从台风强度攀新高、暴雨倾盆破纪录，到高温连连、热浪汹涌，再到山林野火燎原，这些极端天气事件不仅对人们的日常生活构成了严重威胁，更是为全球经济和社会的稳定发展带来了前所未有的巨大挑战。在这些极端天气事件中，最为显著且直接影响人们生活的现象之一便是停电。能源问题始终是碳中和实现的关键与核心问题，实现新型能源系统，特别是在当前技术条件约束下的混搭式能源系统，即由传统化石能源与风光等可再生能源融合而成的能源系统的创新发展、稳定运行及平稳过渡是全球共同的战略任务，同时也是碳中和得以实现的战略基石。全球能源绿色低碳转型并不是一件容易的事，既需要各国政府开展顶层政策创新、体制改革、标准引领，又需要广大企业开展技术创新、商业模式创新，同时也需要广大公众的理解、支持和配合。

过去5年来，我们看到相当多关于碳达峰碳中和的著作陆续出版，社会对碳达峰碳中和话题的关注度不断升温，零碳转型阔步向前。但实际上，应对气候变化、减少碳排放等话题对于普通民众而言，仍然是一个专业性强、门槛较高、理解起来较难的话题。由北京大学出版社出版发行的《碳中和与绿色能源系统》是一部十分难得的著作，它以通俗易懂的语言向大家解释了什么是气候变化，碳中和是怎么回事，为什么要进行碳中和，它对我国有什么样的影响，碳交易是怎么回事，它在碳中和过程中能够发挥怎样的作用。同时，这部专著又具有理论性，通过一些简单和易懂的模型、方案等，结合市场、产业发展清晰地展现了气候变化与传统化石能源消耗之间的逻辑关系和框架。另外，专著重点对未来能源系统及其实现形式进行了深入浅出的论述，包括综合能源系统、分布式能源系统智能化、可再生能源系统以及智能微网等国际前沿领域和热点问题，让读者对碳中和有全面的认识。同时，专著对于碳中和下的绿色能源系统及其内在的发展逻辑和现状及未来趋势进行了深入阐释，也对未来可持续生活方式做了展望。专著站在全球工业革命发展的历史维度，提出了碳中和实际上是一次人类的绿色工业革命，让读者能够从人类文明形态发展的角度认识碳中和，这也是一次碳中和认知上的飞跃。

实现碳中和，需要全社会共同行动，而提高公众的认知是非常重要的一步。这部专著兼具学术的内在统一性和严谨性，也考虑公众在理解碳中和与能源系统专业知识时面临的门槛，尽可能用通俗的语言阐述复杂的学术问题和现实实践的案例。因此，它既可以作为不同级别决策者参考的通俗读物，也可以帮助相关从业者转变为复合型的人才，还可以让普通民众尤其是大学生群体深刻理解我们国家在开展碳中和实践时所面临的诸多挑战，从而更加自觉地加入到这场关乎人类可持续发展、个人生命财产安全的绿色发展洪流中来。

特别向各级决策者、能源领域的学者、高校教师、大中专院校学子以及"双碳"从业者隆重推荐此书，以汇聚各方绿色伟力，开展广泛国际合作，闯出一条中国特色的碳中和实现路径。

是为序。

潘毅华

2025 年 5 月 12 日

序二

  当今世界正面临能源革命与数字革命的交汇点。在全球应对气候变化、努力实现碳中和目标的背景下，能源系统的智能化转型已成为不可逆转的趋势。金安君院士等的新作《碳中和与绿色能源系统》以其深厚的学术造诣和前瞻性的战略眼光，为我们描绘了一幅未来能源系统的宏伟蓝图。

  本书立足于第四次工业革命的时代背景，深入探讨了人工智能技术与分布式能源系统的深度融合。在内容架构上，金院士创造性地构建了"技术-系统-能源治理"三位一体的研究框架；在技术层面，详细剖析了深度学习在风光功率预测中的应用、强化学习在微电网调度中的实践；在系统层面，创新性地提出了基于人工智能的智慧能源互联网架构以实现能碳价的优化规则；在能源治理层面，则系统阐述了智能算法在能源市场设计中的创新应用。这种多维度的研究视角，使得本书既具有理论深度，又富有实践指导意义。

  特别值得关注的是，本书对中国特色的能源转型路径进行了深入思考。针对我国"富煤、贫油、少气"的能源禀赋特点，金院士团队提出了基于人工智能的多能互补优化方案；针对我国东西部能源供需不平衡的现状，创新性地设计了跨区域协同调度算法；更结合乡村振兴战略，探讨了分布式能源在偏远地区的应用前景。这些研究成果充分体现了中国学者解决实际问题的智慧和担当。在方法论上，本书展现出鲜明的跨学科特色。金院士巧妙地将计算机科学前沿的算法优化与综合能源系统工程有机结合，使本书既包括严谨的数学模型推导，又辅以翔实的案例分析。书中介绍的多个示范项目，如基于人工智能学习和智慧分布式能源管理系统、应用区块链技术的点对点电力交易平台等，均为读者提供了宝贵的实践参考。本书的学术价值不仅体现在技术创新层面，更在于其深刻的哲学思考。金院士在书中反复强调"技术向善"的理念，呼吁在追求效率提升的同时，必须关注算法公平性、数据隐私保护等伦理问题。这种对技术发展的人机界面的思考，使得本书超越了单纯的技术论述，上升到了成果转化商业化的高度。

当前，全球能源格局正在经历深刻变革。一方面，可再生能源成本持续下降，分布式能源快速发展；另一方面，数字技术日新月异，算力革命方兴未艾。在这样的时代背景下，本书的出版恰逢其时。它不仅为学术界提供了新的研究范式，也为产业界指明了技术发展方向，更为政策制定者提供了决策参考。

作为绿色发展的践行者，我特别欣赏书中关于"人工智能赋能能源普惠"的论述。金院士指出，智能技术应当成为缩小能源鸿沟的工具，而非扩大数字鸿沟的推手。这一观点体现了科学家应有的社会责任感和人文情怀。本书的问世，标志着我国在智慧能源领域的研究达到了新的高度。它既是对过去研究成果的系统总结，更是对未来发展方向的战略指引。相信这部凝聚着金院士团队心血的力作，必将推动我国能源数字化转型进程，为全球碳中和事业贡献中国智慧和中国方案。

谨以此序向金安君院士及其团队致以崇高的敬意。期待本书能够启发更多学者投身这一充满希望的领域，共同书写人类能源文明的新篇章。也衷心希望读者能够从这部著作中汲取智慧，在各自的岗位上为构建清洁低碳、安全高效的能源体系贡献力量。

刘科

2025 年 5 月 12 日

序三

受金安君院士委托，很荣幸跟您分享作者及其团队在有关碳中和新理念方面的思考成果和独特简介。《碳中和与绿色能源系统》这一专著围绕"双碳"经济，对碳交易市场机制、气候变化、能源问题及解决方案、综合能源优化的基础及案例、可再生能源系统、智慧分布式能源系统的优化及调度管理，以及智慧电网对未来居民生活方式的影响等方面进行了综合性阐述，提出的新能源和碳中和理念等前沿学术思想具有独到性，对于研究和学术探索具有重要参考价值，对于该领域的其他学者具有启示和指导意义。本专著为社会发展和经济建设提供了解决问题的思路和方法，有助于推动相关领域的研究和技术进步，对年轻学者和研究人员将产生积极的激励作用。作为学术交流和合作的桥梁，本专著将进一步促进学科的交叉融合和学术创新，在学术界和社会上形成广泛影响。

谢谢各位对碳达峰碳中和理论进展和《碳中和与绿色能源系统》的关注和支持！

在此致以最诚挚的问候！

2025 年 5 月 12 日

序四

  《碳中和与绿色能源系统》是北京大学出版社精心推出的一部重磅学术著作。本书以综合能源系统与能源区块链技术为核心内容，构建起了理论与实践深度融合的研究框架，为能源领域的学术研究和产业变革提供了极为宝贵的参考。

  在学术研究方面，本书成功突破了单一学科的局限，巧妙地将人工智能、能源工程与区块链技术有机结合。以综合能源系统优化及案例分析这一章节为例，作者通过构建数据驱动的优化调度模型，开创性地解决了新能源发电间歇性与负荷波动的矛盾。具体而言，所提出的动态调度策略经过实际案例的验证，不仅能够显著提升系统的运行效率，还能在减排、价格调控以及减少弃风弃光现象等方面取得令人瞩目的成效，为破解能源供需平衡这一长期以来的难题开辟了全新的路径。

  而在能源区块链板块，作者更是进行了深入的剖析。通过对智能合约与分布式账本在能源交易中应用的详细解读，揭示了去中心化机制如何有效降低信任成本，同时增强交易的透明度。这种跨学科的研究视角，有力地填补了该领域的理论空白，为能源区块链的研究与实践提供了坚实的理论基础。

  从学术价值的角度来看，本书不仅系统地梳理了综合能源与区块链技术的发展脉络，更重要的是，通过引入能源经济学、电力系统优化等多学科知识，为该领域注入了全新的研究范式。此外，作者对行业政策与技术趋势的前瞻性分析也颇具亮点，例如对碳市场与能源区块链协同发展的探讨，无论是对于政策制定者制定科学合理的政策，还是对于行业从业者把握发展方向，都具有重要的启发意义。

  总体而言，《碳中和与绿色能源系统》是一部兼具学术深度与实践指导性的优秀著作。它不仅是碳中和能源领域研究者不可或缺的重要参考文献，同时也为推动我国能源产业朝着智能化、低碳化方向转型提供了强有力的理论支撑。其出版必将有力地促进相关领域的学术交流与技术创新，为能源领域的发展带来新的活力与机遇。

2025 年 5 月 12 日

前言

众所周知，气候变化已成为当今非传统安全领域最为热门的话题之一。近年来，气候变化愈演愈烈。全球气温上升、极端天气事件频发和海平面上升等对人类社会和生态系统构成重大威胁。自 1972 年联合国首次人类环境会议以来，在一大批杰出科学家及具有政治远见的各国领导人的共同努力下，各界就应对气候变化形成了广泛共识，并达成了具有里程碑意义的《联合国气候变化框架公约》之《巴黎协定》，促成了大部分国家承诺在 2050 年共同实现碳中和的世纪壮举。

在 2050 年实现全球范围的碳中和，是构建人类命运共同体的生动实践。而其决胜的关键在于构建新型能源系统，即将原来以化石能源为绝对主导的化石能源系统，转变为以可再生能源为绝对主导的新型能源系统。这无疑是一场能源革命，同时也是一种历史性回归。在开启工业文明之前，人类的能源供给基本上来自生物质、水力、风力等可再生能源。在气候变化愈演愈烈的情况下，绿色能源革命必须加速推进。而这一革命的实现，需要全人类共同努力、创新和合作。

本书凝聚了多位国内知名专家学者的集体智慧，旨在通过严密的理论和模型框架探讨构建碳中和与绿色能源革命的内生关系。本书试图从以下三个维度进行论述。

维度一：从基础理论开始，通过构建简化模型、设计方案、探索市场应用、剖析产业发展等方式，对气候变化的成因和传统能源对气候变化的影响进行深入研究。同时还分析了高能量密度的氢能及其他各类绿色能源形式在可持续发展中的重要作用。

维度二：从模式、架构图、技术路线图等方面展开讨论碳中和与绿色能源革命。通过深入分析碳中和有关的创新模式，探讨可行性方案和逻辑架构图、多种"碳达峰碳中和"（简称"双碳"）技术路线；基于可行性方案，展示碳中和与绿色能源革命内在的逻辑架构，以高效且经济地解决"双碳"问题。

维度三：重点关注碳中和的实现路径。从政府政策、技术创新及市场机制等方面出发，探讨碳中和战略在实践中的可行性和有效性。

本书各个章节安排如下：全书分为三大板块。第一大板块由 1～3 章组成，概述了气候变化的成因和国际上的共同应对方式，以及应对气候变化背景下的新能源经济发展、可再生能源技术和配套的新型智慧电网；研究了数字化能源与碳中和的关系；分析了碳中和实现的基础性手段，即碳交易市场的机制和运行等。第二大板块包括 4～8 章，阐述碳中和背景下绿色能源系统的创新与发展，包括综合能源系统、智慧分布式能源系统等，融合了能碳排放价值转化理论、数字化能源、虚拟电力的交易管理、数学建模及低碳化理论等内容；分析了包括光伏发电、风能发电、储能技术、氢燃料电池在内的可再生能源系统及多种其他发电技术的研发和产业化。第三大板块为展望篇，介绍了绿色能源在全世界的传播、应用情况，展望了绿色工业革命发展远景、"双碳"发展前景，分析了国际经济形势及中国"双碳"经济的发展情况；在结尾对全球"双碳"经济的发展趋势作了展望和总结，提出了推动全球绿色能源系统建设的建议。

本书适合环境科学、能源经济和政策制定等相关领域的学者和领导决策者阅读，并对广大社会公众了解"双碳"目标以及绿色能源革命等有着一定的参考价值。我们诚挚地希望本书能够为全球范围内的碳中和与绿色能源革命提供有益的思考方向和借鉴。尽管"双碳"以及绿色能源系统领域的知识专业性较强，但我们力图做到使本书通俗易懂，以帮助大家一起了解和助力实现碳中和，促进社会实现科技创新和经济发展的良性循环。由于编者水平有限，不足之处在所难免，诚挚欢迎读者斧正。

最后，特别感谢所有为本书提供支持和帮助的许多良师益友。

编者

2025 年 1 月

目录

第 1 章　概述

应对气候变化是当前全球聚焦的热点话题之一，世界绿色低碳转型已成为历史发展的大潮流（IPCC，2018；新华社，2020；国际能源署，2021；UNFCCC，2015）。破解气候难题，实现绿色发展，人类需要一场高科技革命。中国在 2020 年提出了碳达峰和碳中和的目标，并积极推进能源革命，在发展新能源产业方面异军突起，不仅为实现自身的能源绿色转型奠定了坚实基础，也为世界其他国家可再生能源的加速发展和减少碳排放提供了重要支撑（新华社，2020；张海龙，2014）。

碳达峰是指某个地区或者行业在某一年二氧化碳排放量达到历史最高值，然后进入持续下降阶段，是二氧化碳排放量由增转降的历史拐点（国际能源署，2021）。碳达峰的指标包括达峰时间和碳排放峰值。它是"双碳"目标的中间目标，是为控制气候变化和减少碳足迹所设立的目标之一。

碳中和是指通过减少碳排放量、吸收和储存二氧化碳等手段，达到人类活动的净碳排放量为零的状态。碳中和是一个长期的目标，旨在降低温室气体排放、减缓气候变化。它是一个长期而复杂的使命，是中国当下的国家重大战略。实现全球碳减排目标，建设更加美好的绿色未来需要社会各界的共同努力。正因如此，绿色低碳产业将成为经济发展的新动力，以推动经济高质量发展和绿色可持续发展。实现碳中和的动力不在于蛮力，而在于我们对保护地球坚定不移的奉献精神。

"双碳"目标的实现，对中国政府的各级决策者提出了很高的要求，既需要持久坚持的"耐心资本"，又需要战略灵活性。"双碳"行动之下，最大的改变就是人们生产和生活方式的改变，包括改变用能方式，节约能源、减少浪费并采取可持续的生活方式。

推进"双碳"目标的实现并创造一个可持续的未来，需要中国几代人的持续努力。譬如，设计发展绿色经济等多种手段，设计与实施碳交易市场机制的政策以及对风险管理与监管等问题进行深入探讨。我们必须共同努力，做好以"碳"为标的的绿色新经济，发展智慧能源以实现全面的可持续发展，为碳中和的实现贡献自己的力量。

1.1　新能源经济及产业

新能源发展迅猛，在能源市场中的地位变得日益重要。截至 2023 年年底，中国的新能源发电装机容量已经达到了 15.3 亿 kW，并且风能、光伏发电量达到了 1.5 万亿 kW·h。

新能源的快速发展为国家经济的可持续发展和环境保护作出了重要贡献，它的发展离不开国家政策的推动。中国政府出台了一系列支持新能源发展的政策，如可再生能源电价优惠政策、补贴政策等。政府的引导和支持为新能源产业提供了良好的市场环境和发展机遇，使新能源产业能够在短时间内迅速发展起来，取得了令人瞩目的成果。

市场化和产业链的发展是新能源迅速崛起的关键因素。随着新能源产业的规模化和成熟度不断提升，其商业价值逐渐凸显。各类新能源发电设备如光伏发电、风能发电设备等，已经在市场上实现了大规模的生产和销售，推动了新能源产业的良性发展。与此同时，围绕新能源的产业链也得到了快速发展，涉及研发、制造、运营、维护等方方面面，为国家经济增长和就业创造了丰富的机会。

能源安全是一个国家经济社会持续健康发展的基石，它自然也是"双碳"行动的应有之义。对于发展新能源、推动能源绿色低碳转型来说，能源安全既是前提也是核心目标。如今，新能源技术已经成为国家战略规划和解决气候问题的重要技术支撑，它在实现能源持久安全和保障国家经济可持续发展方面具有重要意义。在国家政策的引领下，新能源产业不断发展壮大，不仅在实现我国的"双碳"目标方面取得了显著成效，也为实现世界的碳中和目标贡献了力量。

虽然新能源的可再生特性为环境保护开辟了新的重要路径，但在市场竞争日益激烈的今天，新能源的进一步发展仍面临着一些问题和挑战。比如，能源存储和输送方面的技术尚不成熟，需要持续投入研发和创新相关技术；亟需国家持续激励性政策的引导和商业模式的创新深入发展，以构建高比例可再生能源的新型能源系统。

1.2　可再生能源技术的成功途径

2015 年《巴黎协定》的达成标志着全球 175 个国家在气候变化问题上达成了共同认识和解决意愿（UNFCCC，2015）。同时，也意味着全球气候治理由"自上而下"转变为各个国家提交自主贡献的"自下而上"合作模式。这种模式实际上模糊了发达国家与发展中国家之间的界限，开启了全球共同推进碳减排的新纪元。

随着全球气候治理的不断推进，我国主动顺应国际潮流，展现大国责任担当，在 2020 年 9 月提出了"二氧化碳排放力争于 2030 年前达到峰值，努力争取 2060 年前实现碳中和"的目标。我国提出这个目标之后，后继有许多国家相继提出了碳中和的时间表，西方主要国家主动召开气候峰会，形成了全球争相推动碳中和的小高潮。

在全球迈向碳中和的潮流之下，经济社会发展与能源安全的逻辑发生了深刻变化，加快风能、太阳能等可再生能源发展成为了应对气候变化最为前沿的领域（周孝信 等 2018；王成山 等，2010；王成山 等，2014）。可再生能源是未来能源发展的重要方向之一，它基于不断自我更新、不会耗尽的自然资源，可以有效地减少对传统能源的依赖，减少温室气体排放，从而达到减缓气候变化的目标。可再生能源包括太阳能、风能、水能、生物质能等多种形式，在碳中和逻辑框架下，其未来的应用前景极为广阔。

在太阳能的利用方面，人类目前已经取得了一些令人瞩目的成就。2015年瑞士探险家伯特兰·皮卡德（Bertrand Piccard）和安德烈·博施伯格（Andre Borschberg）驾驶太阳能驱动的飞机"阳光动力"2 号进行环球飞行就是一个非常有意思且引人注目的案例。

"阳光动力"2 号飞机环球飞行是一项具有划时代意义的技术突破。它通过整合高效的太阳能电池板、先进的电池储能技术和智能控制系统来实现飞行，展示了对太阳能资源的充分利用。它不仅能够满足飞行过程中的能源需求，还能将多余的能量储存起来，以备不时之需。这次飞行不仅向世界展示了太阳能技术的可行性和可靠性，也鼓舞了人们对新能源的信心。"阳光动力"2 号飞机环球飞行的成功不仅展示了太阳能技术在航空领域的应用潜力，也为其他行业的可再生能源应用提供了启示。随着科技的不断进步和创新，可再生能源的应用范围将越来越广泛，这对于实现"双碳"目标和推动可持续发展具有重要意义。

在可再生能源应用领域，信息技术也发挥着重要的支撑作用。通过先进的信息技术手段，可以实现能源的智能管理和优化调度，提高能源利用效率，减少浪费，进一步推动可再生能源的应用和发展。例如，利用大数据分析和人工智能（Artificial Intelligence，AI）技术，可以对能源供需进行精准预测，根据需求进行灵活调度，实现能源的高效利用和优化配置。

"双碳"是全球关注的重要议题，可再生能源作为关键解决方案之一，具有至关重要的应用前景和发展潜力。通过不断推动科技创新和信息技术的应用，我们有信心在实现"双碳"目标的道路上迈出坚实的步伐，建设一个清洁、碳中和的未来。

1.3　智慧电网及分布式能源的讨论

电网是在全球范围内为电力输送和传输而设立的大型基础设施网络。电网可以将电力从发电站输送到远离发电站的城市和乡村地区。电力通过电缆、输电线路和其他渠道进行传输。通常电网输电通过高压、中压和低压等不同的电压等级来实现电能的传输和分配。随着经济的发展和人们生活水平的提高，人们的能源需求量也不断增加。电力工业作为国民经济的重要组成部分，必须不断发展和进步，以满足国内外市场的需求（王成山 等，2014；徐立中，2011；杨志鹏，2019）。

随着技术的进步，现代电网正向着智慧电网的方向发展。智慧电网是一种电力系统，在作为传统电力系统的同时，融合信息技术（Information Technology，IT）、通信和自动化技术等元素，从而具有更高的智能水平。智慧电网通过先进的通信技术和 AI，能实现对电网设施的全面监控和管理，提高了电网的可靠性和安全性（王珂 等，2014；刘士荣 等，2013）。

具体来说，智慧电网采用智能化和高度自动化的控制系统，通过大规模、复杂的数据分析，实现对电力设施的远程监测、有效控制和管理；并且还可以以完全透明、即时响应的方式，为用户提供更好的服务，这将最终改变用户对电力的消费方式。因此，智慧电网将成为未来电力消费、储存和传输的主要手段。如果我们想要更好地满足未来的能源需求，就必须将传统电网转变为智慧电网。

目前，智慧电网仍然是一个正在蓬勃发展的领域。它涵盖了能源、通信和信息技术等多个领域。随着技术的不断进步，相信还将有更加先进的技术被应用于智慧电网，并为其带来新的发展机遇。智慧电网的一些主要特点和技术如下。

（1）智慧电网拥有更高的能效。它能够有效利用能源，降低能源损失，从而提高能源的利用效率。智慧电网通常采用一些创新的技术和方法，如低功耗传感器和大数据分析,来实现能源的有效利用。

(2) 智慧电网拥有更高的可靠性和安全性。它透过监测和分析电网设施的数据,来预测各种问题,包括设备故障、电力波动和异常行为等。这种信息的提前获取和有效管理将会大大降低电网故障和事故的发生率。

(3) 智慧电网可以提供更好的用户体验。它可以为用户提供更多的选择和更好的透明度。比如,用户可以应用人机界面输入端自由地选择想要使用的能量及其来源。他们也可以监控他们的电力使用量,以便随时进行调整和管理。

(4) 智慧电网能够提高电网的操作效率,同时降低电网的维护成本;这些改进将反过来降低能源的使用成本,为用户带来实实在在的经济效益。物联网技术能够将各种传感器、监测器和其他设备互连起来,从而实现智能化的电网监控。这种技术支持对电网状态进行实时监测和控制,并在必要时提供快速响应。大数据技术是智慧电网的另一个必备技术。该技术可以有效地收集、存储和分析电网设施的巨量信息。这些数据将对电网性能、维护要求和远程管理提供重要依据。

1.4　碳中和技术

碳中和技术及净零排放技术的发展可以为中国带来很多机遇。净零排放指的是将温室气体的净排放量降至零或接近零。这意味着在特定范围内温室气体的排放量等于减排行动吸收或去除的温室气体的量。请注意净零排放并不意味着没有任何温室气体的排放而是多种技术辅助带来的综合性结果。碳中和及净零排放技术涉及的绿色转型领域很宽,包括高科技及其产品、经济板块、能源安全和数字化及智慧能源等领域。

碳中和,是指在规定时期及区域范围内,二氧化碳的人为移除与人为排放相抵消。据联合国政府间气候变化专门委员会定义,二氧化碳的人为排放即人类活动造成的二氧化碳排放,包括化石燃料燃烧、工业过程、农业及土地利用活动的排放等。经济活动和科技应用的碳排放定价为优化状态。这是净零排放的目标,为了实现这一目标,全球正在进行一场绿色能源革命。绿色能源革命将通过技术创新和政策实施,推动能源系统从依赖化石燃料向以可再生能源为主转变。

碳中和、碳经济和碳指标是应对气候变化和减少温室气体排放的有效工具。碳经济是指通过实施碳定价、碳交易和碳市场等手段，将碳排放纳入经济体系中，以促进低碳发展和可持续经济增长。碳指标是衡量碳排放和碳中和效果的指标体系，用于评估和监测碳减排和碳中和的进展。

净零排放是应对气候变化的重要策略之一，是实现全球气候目标的关键。其过程就是减少温室气体的排放量，并通过各种手段增加温室气体的吸收量，如植树造林、碳捕集和储存技术等。

碳中和需要社会各界的广泛参与和支持。社会各界应该加强环保意识、增强责任感，通过节能减排、低碳生活等方式降低碳排放，推动碳中和的实现。同时，社会还可以加强对碳中和产业的宣传和推广，提高公众对碳中和的认识和理解，促进碳中和产业的发展。

碳中和是一个长期而复杂的任务。实现全球碳减排目标，建设更加美好的未来需要政府、企业和社会各界的共同努力。未来的碳中和产业将成为经济发展的新动力，推动经济高质量发展和绿色可持续发展。我们应共同努力加油，为国家碳中和的实现贡献自己的力量。

1.5　数字化能源与碳中和关系探讨

数字化能源与碳中和之间存在至关重要的交互关系。碳中和技术的发展可以为中国带来很多机遇。实现数字化能源及"双碳"目标，需要整合跨界、跨学科，其至跨国界和地域的不同优势。

1. 数字化能源概述

数字化能源是指通过信息技术（如 AI、能源大数据、物联网、能源区块链等）对能源生产、传输、储存和消费进行智能化管理和优化的新型能源模式。其核心技术包括智慧电网、能源大数据、AI、区块链等。上述技术简要说明如下。

（1）智慧电网：智慧电网可以利用传感器、通信技术和数据分析，实现电力系统的实时监控和动态调节，提高电网的稳定性和效率。

（2）能源大数据：能源大数据可以通过采集和分析能源生产与消费数据，优化能源分配和利用效率，为决策提供科学依据。

（3）AI：AI 可用于预测能源需求、优化能源调度、提高设备运行效率，并支持分布式能源系统的智能管理。

（4）能源区块链：能源区块链可用于能源交易和数据管理，确保能源交易的透明性、安全性和高效性，支持点对点能源交易和能源消纳。

2. 数字化能源与碳中和的相辅相成关系

数字化能源可通过多种途径推动碳中和进程。譬如，在提高能源利用效率方面，它可通过智慧电网和 AI，优化能源分配和消费，减少能源浪费；在促进可再生能源消纳方面，它可利用大数据和 AI 预测可再生能源的波动性，使用储能、售电及智慧消纳等优化方式，实现供需平衡，提高可再生能源的利用率；在支持分布式能源系统方面，数字化能源可使分布式能源系统（如屋顶光伏、小型风电场）高效运行，减少对传统化石能源的依赖。

通过政策鼓励企业和消费者提升对清洁能源和高效能源管理的需求，可以大力推动数字化能源的商业化。

3. 数字化能源与市场的耦合关系

能源市场的数字化转型体现在很多方面，譬如，能源交易平台及需求响应机制。能源交易平台可以采用能源区块链，从而实现点对点能源交易，提高市场效率；需求响应机制可以应用数字化技术，使得用户能够根据电价波动调整用电行为，从而优化能源消费。

数字化能源附带市场增值服务的属性。譬如，能源区块链不仅支持能源交易，还可用于提供能源数据管理、碳排放追踪等增值服务。智能合约可通过自动执行能源交易和结算，降低交易成本，提高市场透明度。

4. 数字化能源在 AI 与大数据时代的应用

在 AI 和大数据时代，电力使用的智能控制得以实现。通过实时数据采集和分析，系统可动态调整电力分配，满足不同阶段能耗需求，同时优化能源消纳。

分布式能源系统可借助数字化技术进行优化，使其系统能够高效运行。例如，通过 AI 算法预测太阳能和风能的发电量，结合储能系统，实现能源的稳定供应和高效利用。

5. 数字化能源的算法与方程

数字化能源利用多种算法进行大数据管理。例如，机器学习算法可应用于预测能源需求和优化能源调度；优化算法可应用于分布式能源系统的资源配置和运行优化。

6. 数字化能源的未来

混搭式能源是今后重要的能源应用发展方向。通过采用数字化技术，混搭式能源储能系统（如电池储能、氢能储能）能够高效运行，实现能源的多元化利用和稳定供应。数字化能源可通过优化能源分配、提高可再生能源利用率及支持分布式能源系统，助力实现节能减排、降耗及碳中和的目标。

网购式能源消费也是一个重要的能源应用发展方向。消费者在未来可以通过数字化平台（如能源网购平台）按需购买能源，实现能源消费的个性化和高效化。

7. 小结

数字化能源是推动碳中和目标实现的关键技术之一。凭借智慧电网、能源大数据、AI 和能源区块链等技术，数字化能源不仅提高了能源利用效率，还促进了可再生能源的消纳和分布式能源系统的优化。在 AI 与大数据时代，数字化能源的智能控制和市场增值服务，为能源行业的数字化转型提供了强大支持。未来，随着混搭式能源储能系统和网购式能源消费的普及，数字化能源将在全球能源转型和碳中和进程中发挥更加重要的作用。

1.6　国家进行能源转型的必要性

"双碳"将对全球经济社会发展产生深远影响，推动能源结构的转型。传统的化石能源将逐渐被包括太阳能、风能、水能等在内的清洁能源所取代（龚莺飞 等，2016；丁华杰 等，2013）。这将促进能源结构的多元化，降低能源消耗成本，提高能源利用效率。目前，新能源领域的发展已经取得了相当的成果。

在"双碳"目标的引领下，中国政府一方面在加强政策引导，推动企业和个人减少碳排放；另一方面也在推动国际合作，携手共同应对气候变化，推动全球"双碳"进程。中国新能源的发展得到了政府的大力支持。根据国家能源局的数据，2019 年，中国新能源装机容量达到了 8.2 亿 kW，占全国总装机容量的 40.8%。同时，中国在新能源汽车领域也取得了一定的成就，2019 年，中国新能源汽车销量达到了 120 万辆，占全球新能源汽车销量的 50% 以上。2022 年，中国的风能、光伏总发电量首次超过 1 万亿 kW·h，同比增长约 21%。

不过，新能源领域的发展还面临着一些挑战。譬如，新能源的成本仍然相对较高，需要进一步降低，以提高新能源的竞争力。新能源的瓶颈——储能技术还需要进一步完善，以满足新能源的稳定供应。

中国正在积极推进和加强碳中和技术的研发和应用，这将会为全球应对气候变化做出巨大的贡献。同时，中国采取的协同推进技术创新和政策创新，积极扶持创新研究与开发，促进能源结构调整等措施将会有利于构建全球清洁低碳循环发展的新格局，打通数字化科技助推能源行业绿色发展的无限空间和促进全球经济的可持续发展。另外，配合"双碳"目标，中国政府逐步推出了"双碳""1＋N"政策体系。其中，"1"代表碳排放总量控制和碳强度降低等核心政策，"N"则代表了碳交易、碳税、碳补偿、碳抵消等多元化政策。各行业、各地区根据自身发展情况，逐步推出了地区的碳达峰行动方案，通过采取节能、提高能效、增加森林碳汇等一系列措施，严格控制碳排放总量增长，推动产业、能源、交通运输的能源结构调整，确保全社会碳排放不断减少。中国正在与全球签署了《巴黎协定》的 175 个国家一起努力达到如下目标。

（1）设立到 2030 年将温室气体排放量相比 2010 年减少 45％的目标，作为应对全球气候变化的一部分。

（2）执着追求到 2050 年或 2060 年实现全球净零排放。

（3）实现从化石燃料（石油和天然气）向可再生能源的"公正和公平的能源转型"。

（4）增加对气候适应和气候韧性的投资。

全球必须在这些关键领域协同努力，以实现碳中和目标。各国政府应引导社会资源为加强碳中和努力，推动企业和个人减少碳排放。在这个过程中，采用数字化和智能化的能源系统将是一个重要的发展方向。譬如，通过采用物联网和 AI，将各类能源设备和系统连接在一起，实现能源的高效、节省和清洁利用。

此外，可再生能源，特别是太阳能和风能，将在能源结构转型中起到关键作用。在建设绿色低碳城市的过程中，我们需要考虑到建设低碳建筑和公共交通等方面。总之，实现碳达峰和碳中和需要全球的共同努力和更有力度的承诺。

1.7　共同开启绿色工业革命

可持续能源系统和绿色低碳产业将成为国家经济发展的重要支柱，共同推动可持续性经济的发展。碳中和已经成为全球经济社会发展的主要转型方向。各国政府正在加强政策引导，推动企业和个人减少碳排放，同时加强国际合作，共同应对气候变化，以加快全球碳中和进程。碳中和将推动能源结构转型、产业结构升级、城市发展转型和全球治理体系变革，最终实现全球可持续发展。碳中和与绿色工业革命密不可分，其作为国家的战略方向将使经济社会产生根本性的变革。碳中和涉及各个领域的温室气体减排，包括能源、交通、畜牧业等。为了实现碳中和，我们还需要研究增加碳吸收的方法。这个历史过程有助于加快科技成果的转化和应用，推动产业结构升级和经济转型，促进社会进步和可持续发展。

碳中和需要社会各界的广泛参与和支持。社会各界应该加强环保意识和责任感，积极参与碳减排和碳中和行动。社会各界可以通过节能减排、低碳生活等方式，降低碳排放，推动碳中和的实现。同时，社会还可以加强对碳中和产业的宣传和推广，提高公众对碳中和的认识和理解，促进碳中和产业的发展。

碳中和需要企业开展一次绿色工业革命，应用高科技的成果积极参与并投入。企业要加强自身的环保意识和责任感，积极推动碳减排和碳中和的实现。各企业可以通过技术创新和产业升级，降低碳排放，提高资源利用效率，推动绿色发展。另外，也可以积极参与碳交易市场，通过碳交易实现碳减排，获得经济效益和社会效益的双重收益。

第 2 章　碳排放权交易

碳排放权交易即碳交易，是推动中国发展低碳经济、应对气候变化的一项重要措施及工具。目前，加快发展碳排放权交易市场已得到世界各国的高度重视，欧盟、美国、中国、日本、澳大利亚等多个国家和地区正积极推动碳排放交易市场的运行和完善（European Commission，2024；Zhang et al.，2019；World Bank，2019）。例如，欧盟碳排放交易体系（EU Emissions Trading System）于 2005 年设立，目前已发展为全球最成熟、最稳定的碳排放交易市场之一。

本章主要介绍碳交易市场机制的相关概念、运行方式和运作机制、运作方式、优缺点及未来发展趋势。

2.1　碳交易市场机制概述

碳交易市场机制的渊源可以追溯到 1997 年通过的《京都议定书》。该议定书是《联合国气候变化框架公约》的附属协议，旨在通过减少温室气体排放来应对气候变化。根据《京都议定书》的规定，发达国家需要在 2008—2012 年的承诺期内将温室气体排放量在 1990 年的基础上平均减少 5.2%，并允许发达国家之间进行碳排放权交易。2005 年，欧盟推出欧盟碳排放交易体系，成为全球第一个建立碳交易市场的地区。2007 年，《联合国气候变化框架公约》第 13 次缔约方大会通过了《巴厘行动计划》，提出了建立全球碳交易市场的目标。随后在 2015 年，《巴黎协定》通过，其核心目标是将全球温升控制在 2℃以内，并努力限制在 1.5℃以内；同时建立了国际碳排放权交易市场机制（第六条），以促进全球减排合作。

1. 定义

碳排放权交易市场机制（Carbon Trading Market Mechanism，CTMM），简称碳交易市场机制，是指与以排放二氧化碳等温室气体的企业或国家进行交易，通过市场机制来减少温室气体排放的政策工具。在该机制下，碳交易市场将碳排放权作为商品进行交易。碳排放权是指政府或国际组织向企业或国家发放的一种减排许可证，企业或国家可以在一定时间内排放一定量的温室气体。如果排放量超过许可证规定的数量，就需要购买额外的碳排放权来弥补超额排放的部分。碳交易市场机制的核心是建立一个以碳排放权为交易标的的、公开、透明、有效的交易市场，通过市场交易来引导企业和国家更加经济有效地减少温室气体排放。

碳交易市场可分为基于配额的碳交易市场和基于项目的碳交易市场两种。基于配额的碳交易市场是通过设定国家或企业的碳排放配额，再根据实际排放量进行核算和交易。基于项目的碳交易市场则是根据企业或国家减排的具体项目，评估其减排效果并进行交易。

2. 碳交易市场机制的优缺点

（1）碳交易市场机制的优点。

1）激励企业和国家减少温室气体排放。通过建立碳交易市场，企业和国家可以通过购买碳排放权来弥补超额排放部分，或通过出售多余的碳排放权获得收益，这激励了企业和国家减少温室气体排放。

2）促进创新。碳交易市场可以促进企业和国家通过管理创新、技术创新、工程创新等手段，实现温室气体的大幅度、大范围、主动式减排，从而推动低碳经济的发展。

3）提高市场透明度。碳交易市场的建立可以提高市场透明度，减少信息不对称，从而促进市场的有效运作。

（2）碳交易市场机制的缺点。

1）碳排放权价格波动较大。碳交易市场机制可能存在市场失灵的风险，其价格受到市场供求关系的影响。当价格波动较大时，企业和国家难以预测价格变化，从而增加了经营风险。

2）碳交易市场监管难度大。碳交易市场机制需要政府或国际组织投入大量的人力和物力进行监管，若监管不力，企业便容易利用监管漏洞，做出违规行为。

3）碳交易市场存在作弊风险。企业或国家可能通过虚假报告等手段来获取更多的碳排放权，从而影响市场的公正性和透明度。碳排放配额的分配不公平会导致一些企业受益，而另一些企业受损。

3. 碳交易市场机制的作用

碳交易市场机制通过建立碳排放权交易市场，将碳排放权作为商品进行交易，以达到减少温室气体排放的目的，其作用包括以下几点。

（1）促进企业的创新和技术进步，从而降低温室气体减排成本。

（2）增强企业的环保意识，促进企业自愿采取环保措施。

（3）促进国际合作，加强全球气候治理。

2.2　碳交易市场运行机制

1. 碳交易市场的运行方式

目前，中国碳交易制度的运行方式包括两个方面：一是建立碳排放配额制度；二是进行碳交易（Zhang et al.，2019）。碳排放配额是政府对企业排放温室气体的限制，政府通过拍卖、免费分配等方式分配碳排放配额，企业通过购买配额来弥补其排放量。如果企业的排放量低于其持有的碳排放配额，那么它可以将多余的配额出售给其他企业；如果企业的排放量高于其持有的碳排放配额，则需要购买更多的配额来弥补差额。通过碳交易市场，企业可以在经济效益和环境保护之间寻求平衡，从而减少温室气体排放。

2. 碳交易市场的运作机制

碳交易市场的运作机制主要包括碳排放权的发放、交易和监管三个环节。

（1）碳排放权的发放。政府或国际组织根据国家或地区的减排目标，向企业或国家发放一定数量的碳排放权。发放的数量可以根据企业或国家的实际情况进行调整，以达到减排目标（World Bank，2019；Newell et al.，2003；Starvins，2008）。

（2）碳排放权的交易。企业或国家可以在一定时间内排放一定量的温室气体，如果排放量超过了许可证规定的数量，就需要购买额外的碳排放权来弥补超额排放的部分。碳排放权的交易可以在碳交易市场上进行，也可以通过协商的方式进行（淳伟德 等，2022；周鹏 等，2020；李通，2012）。碳交易市场的价格由市场供求关系决定，如果碳排放权的供应量大于需求量，价格就会下降；如果供应量小于需求量，价格就会上涨。

（3）碳排放权的监管。政府或国际组织需要对碳排放权的发放和交易进行监管，确保碳排放权的发放和交易符合法律法规和国际标准。监管机构需要对企业或国家的温室气体排放情况进行监测和核实，确保企业或国家的排放量不超过许可证规定的数量（Starvins，2008；蓝虹 等，2022；熊灵 等，2016）。

碳排放权的市场化有助于实现碳中和。另外，碳捕集技术也能借此实现市场价值（生态环境部，2023）。碳捕集技术是指从工业排放或大气中捕集二氧化碳的技术手段，可用于减缓全球变暖。这些技术包括化学吸收、物理吸收、生物法和矿物碳化等。碳捕集后的二氧化碳可以进行地质封存或再利用，如增强油气采收或制造碳中和产品。

2.3　碳交易市场发展趋势

碳交易市场机制是被广泛认可的推动减排行动的关键机制之一。本节将从全球碳定价的推动力、碳交易市场规模、创新技术的应用及国际合作等方面讨论碳交易市场的未来趋势。

1. 全球碳定价的推动力逐渐加强

（1）政策法规方面，各国将制定更加严格的法规和政策，强制企业监测、报告和减少温室气体排放。中国将进一步推动碳交易市场发展，帮助能源结构的转型，并实现"双碳"目标（生态环境部，2023；国家发展改革委 等，2022；龚芳 等，2022）。

（2）国际合作方面，各国之间将加强合作，共同应对气候变化挑战。例如，通过国际碳市场联盟等合作机制，促进碳交易市场的互联互通和标准化。

（3）公众压力方面，公众对气候变化日益关注，呼吁政府和企业采取更多的环保措施。这将推动政府更加积极地推动碳定价和碳交易市场的发展。

2. 碳交易市场规模的扩大

（1）参与主体增加。越来越多的国家和地区将碳交易纳入国家战略，加入市场。随着参与主体增加，碳交易市场规模将进一步扩大。

（2）碳排放权扩大适用范围。它将不仅限于工业和能源行业，还将逐渐扩大到航空、海事等其他行业。这将促使更多的企业参与碳交易，并增加市场的活跃度。

3. 创新技术的应用更为广泛

（1）碳捕集与封存技术将得到大力发展。随着技术的进步和成本的下降，碳捕集与封存技术有望在碳交易市场中发挥更大的作用。这将为高排放行业提供减排的机会，并推动市场的创新发展。

（2）可再生能源将快速发展。可再生能源的快速发展将进一步减少传统化石能源的碳排放量，推动碳交易市场向低碳经济转型。

4. 国际合作的重要性逐渐凸显

（1）统一的全球碳交易市场将被建立。国际建立统一的碳交易市场，实现碳减排的全球协调，将是未来的目标。通过国际合作，可实现跨国碳交易和碳市场互联互通。

（2）各国将共享最佳实践方法。不同国家和地区可以相互借鉴和分享相关经验和教训，并通过国际合作加速碳交易市场的发展，推动全球减排行动。

碳交易市场将在推进碳中和方面发挥日益重要的作用。随着全球对气候变化问题的进一步认识，以及各国的共同努力和行动，碳交易市场将为实现全球碳中和目标作出重大贡献。

2.4　全球碳交易市场展望

随着全球对气候变化问题的关注度持续攀升，碳交易市场机制作为实现低碳经济和应对气候变化的有效途径之一，将被各国高度重视。在未来，我们有望实现区域碳交易市场一体化，继而形成全球统一碳市场（龚芳 等，2022）。目前，碳交易市场的发展已经取得了显著成果，欧盟、中国、韩国、加拿大等国家和地区相继建立了自己的碳交易市场，形成了全球化的碳市场格局。然而，碳市场仍面临一些挑战，如配额分配不当、价格波动等问题。国际的合作和多元化发展等是碳交易市场的未来趋势。今后，碳交易市场将发挥更加积极的作用，推动全球经济向碳中和、可持续发展的方向转型。

第 3 章 气候变化

3.1 气候变化概述

极端天气事件是气候模式变化显著偏离往年同日平均性的统计反常事件。在 2023 年及 2024 年间，地球上发生了一系列极端天气事件：加拿大野火、利比亚洪灾、孟加拉国气旋风暴、南北极气温异常和冰川融化……这些极端天气的出现，都与全球气候变化有着密切的关联。从 2011—2021 年的新闻报道中可以看出，气候反常及极端天气对日常生活的巨大破坏力具有短期和长期的效应，例如，得克萨斯州（Texas）的干旱对牛肉价格有着巨大的影响；巴基斯坦的洪水可以摧毁本就不稳固的政治人脉架构；还有如埃及农作物受热浪影响涨价等情况。

气候变化导致地球上的天气形态发生了永久性的改变（IPCC，2019；中国气象局变化中心，2024）。它可能是天气情况的改变或是平均天气情况的改变，例如发生了更多或更少的极端天气事件。造成气候变化的因素有许多，例如洋流循环的变化、太阳辐射的变化、地壳板块移动和火山爆发等都可能造成局部或全球性的天气形态的变化。然而，最关键的因素是全球气候变暖，科学家们相信这是人类工业文明发展中产生的一个"系统性负外部性"的体现。近几年，地球几乎每年都比前一年热，全球气候变暖已经是不容忽视的事实，它明显增加了极端天气发生的频率。

3.2 气候变化的原因

1. 科学家证实了（一些）人类活动对气候具有破坏性影响

北极冰层厚度的下降，改变了北冰洋和空气间的热流动。当北极的冰减少时，水的比例增加，相对较暗的海洋表面就吸收了更多的太阳辐射。这大大地影响了北极地区空气的温度，并改变了空气的对流。较温暖的空气减弱了在北极高空上方盘旋的风，也因此减弱了北极涡旋，于是使得北极空气向南流动到美国和欧洲，因而造成了剧烈的天气变化。

　　当北极地区的变暖速度比地球上的其他地区快上两倍时，具有讽刺意味的情形出现了。由于冰的过度融化，北极地区的生态环境正遭受前所未有的破坏。但世界上的主要石油公司却拒绝承认这一现象与他们的产品和石油有关。正是使用了石油及其衍生产品的人类活动，导致了环境遭到严重破坏。他们设法不让大家看到，他们是借由破坏环境而获利。这些公司投入数百万美元的经费来散布错误信息，进行政治和公关活动，否认气候变化；同时，他们趁着北极冰层快速消退之时，竭力开发北极地区丰富的天然资源。

　　这些石油公司和科学家们都知道，石油会污染环境，并且早晚将消耗殆尽。尽管加拿大的阿尔伯塔（Alberta）省页岩和地下还有丰富的石油，但开采后，造成的地面的永久性破坏却再难以恢复。此外，使用石油还存在运维方面的问题。例如，从加拿大到美国的石油管线，将原油一路输送到得克萨斯州和俄克拉何马（Oklahoma）州去炼制，而这些管线在使用中几乎无人管理照看，存在一定的环境隐患。这个例子凸显了传统能源在开采、运输和管理方面的不可持续性。

　　仅从能源安全的角度出发，将化石能源用尽后再转向使用可再生能源，似乎也是可行的。如果人类直到用尽最后一滴石油再开始绿色工业革命，这一行为仅造成时间上的延迟，那么问题也许还不太严重。但是，实际情况更为复杂，传统能源不仅存在不可持续的问题，还会引发气候变化等严峻挑战。化石能源的使用对环境造成了巨大的污染，加剧了气候变化，导致全球气候系统的不稳定。图 3-1 展示了传统能源工厂污染环境的情形。

图 3-1　传统能源工厂污染环境的情形

事实上使用石油已对地球造成了严重的破坏。早在 21 世纪初就有科学家预言，全球将有数个不同地区会在几年后持续变得更冷或更热，这是过去几千年未曾出现过的现象。

2. 现代城市的空气污染

乘飞机到洛杉矶、墨西哥城或世界上其他的主要城市，会看到在这些城市上方，笼罩着一层对当地居民健康有害的有毒烟雾。这层烟雾经由数十年累积而成，原因是这些城市使用了大量的石化燃料。正如影片《难以忽视的真相》（*An Inconvenient Truth*）中所表现的，使用化石燃料的城市化过程在 21 世纪显现加速态势。并且某个地区对大气和海洋造成的污染将影响到其他地区。

居民不得不忍受这些空气污染，在适应和拒绝的矛盾中挣扎，而造成困境的原因之一便是浓厚的政治私利。另外，这也极可能和居民追求出行的便利有关。并且也和汽车广告的宣传有关，它们说服了全世界的人，拥有时速 128km 的私人汽车，是值得期待和庆祝的成就。在人类社会发展过程中，人们总想要赶超别人。在这种难以抗拒的社会心理需求下，当国家摆脱贫困，人民在饮食得到改善之后，便开始追求买辆汽车。显然，在这个环境脆弱易伤的地球上，当八十亿人口拥有了十多亿辆汽车时，终究得付出某种代价。很不幸，这个代价一开始是烟雾笼罩在大部分的主要城市，再来就是全球变暖，进而导致地球气候变化产生的灾难性后果。中国改革开放以来的发展是世界上的一大奇迹：中国经济经历了快速的追赶西方世界时期。进入世贸组织后，中国一两年内所取得的经济成就，过去的西方国家要一二十年才能达到。同时，中国每个城市拥有汽车的人数也在飞速增长。然而，中国人已经看到并认识到了这个问题，因此正通过国家及地方性的五年规划，努力地阻止或逆转此趋势。

温室气体的排放会造成全球变暖和气候变化，这一因果关系其实不是现在才被认知到，早在 1896 年，瑞典物理化学家、诺贝尔化学奖得主斯凡特·阿伦尼乌斯（Svante Arrhenius）准确计算出大气中二氧化碳增加对地球气温的影响，他指出，二氧化碳倍增将使全球气温上升 5℃；在近百年后的 1988 年，一些有远见的科学家就借由联合国政府间气候变化专门委员会（The Intergovernmental Panel on Climate Change，IPCC）指出该关系并告知全世界。不幸的是，此议题被对环境变化迟钝的布什政府所拖延。在布什领导下的美国政府拒绝签署《京都议定书》，并使国际上面对此环境威胁之议题的合作瘫痪。希望未来的美国政府，持续关注环境和科技议题，正视在全球变暖方面越来越多的科学证据。

3.3　联合国牵头应对气候变化

假如没有 IPCC 对全球环境问题的深入监管和努力推进，全球恐怕仍会对气候问题保持漠视态度。IPCC 由两个联合国专门机构——世界气象组织和联合国环境规划署——在 1988 年联合设立。2007 年，IPCC 和前美国副总统阿尔·戈尔共同获得诺贝尔和平奖，以表彰他们在气候变化方面所做的工作，这标志着现代科学在应对气候变化方面取得了胜利。尽管面临着第二次工业革命背后既得利益者（如传统能源巨头）施加的重重阻力，他们依然推动了全球应对气候变化的进程（IPCC，2019）。

IPCC 并不从事原始的气候变迁研究或监控，它其实是作为情报交换或审议机构，报道关于气候变化的科学议题。该组织的一项主要任务是出版《联合国气候变化框架公约》（简称《公约》）。该公约是国际性的条款，它认知到气候变迁可能带来的伤害（UNFCCC，2015；联合国粮食及农业组织，2019）。IPCC 的报告根据世界各地的科学资料，整理了有关气候变化现状的清晰观点，并提出了其可能造成的环境和社会经济后果。IPCC 特别刊载了研究人类活动所带来的自然和环境变化风险的科学数据。到 2024 年为止，IPCC 发表了 6 份正式的报告，其中前两份遭到不少利用污染环境的手段牟利的治团体的质疑，这些团体与第二次工业革命的经济模式密切相关。（可参考 1990 年、1995 年、2001 年、2007 年、2014 年、2022 年的 IPCC 报告）

IPCC 的第一次评估报告发表在 1990 年。该报告的具体结论受到许多批评，甚至于被认为是陈腐或具有偏见的。报告提出一些科学家确认人类活动使得温室气体含量大幅增加，因此导致地球表面温度的上升（IPCC，2019；联合国粮食及农业组织，2019）。此外，该报告也提出，温室效应有一半是二氧化碳所造成的。科学家预测，如果继续相同的商业模式，那么在 21 世纪里，全球平均温度将会每十年就增加 $0.3℃$。

这份报告引起世人对气候变化潜在影响的注意，并激起了广泛争论。IPCC 在 1995 年的发布的第二次评估报告持同样的观点，认为温室气体尤其是过量的二氧化碳会引起气候变化。不幸的是该报告同样引起了争论。但此份报告还尝试判断人类生活的经济价值。环境经济把气候变化对健康的影响视为和其他健康风险同样重要。有些决策者和科学家表示反对，他们认为要计算气候变化对人类死亡的影响相当困难。例如，在进行统计时，发达国家居民的生命价值往往远大于发展中国家居民，而这是不合理的。

IPCC 在 2001 年的第三次评估报告中继续勾画了气候变化的真实性以及对世界的威胁。这份报告所说的内容与客观事实很接近，但没有特别将气候变化怪罪到人类的活动。然后，IPCC 又在 2007 年发表了第四次评估报告。

马丁·里斯（Martin Rees），这位勒德洛的里斯勋爵、英国皇家学会的前会长，对第四次评估报告做了极佳的总结。他说：很明显这份报告比以前的报告更具有说服力。报告指出人类对气候产生了深远影响，这正是我们目前所看到的。IPCC 所强调的严重的气候变化已无法避免，我们将必须适应此情况。我们（包括各国的领导者、商界精英和所有普通人）已经不得不采取行动，而不是害怕到瘫痪。我们得同时减少温室气体的排放并对气候变化带来的影响做好准备，反对此结论的人已经没有任何科学根据可供辩驳了。

1. 评估报告：关键性的发现

在 IPCC 发表了 4 份报告后，他们终于赢得了公众的信任以及科学界的认可。来自数十个国家的上千名作者参与了 IPCC 报告的撰写，共同达成了这项重大成就，这项有史以来最大和最详尽的气候变化结论。

IPCC 第四次评估报告的主要成果以及获颁诺贝尔和平奖的原因是它提供了科学证据来支持这样一个事实：人类的活动是全球变暖和气候变化的"元凶"。

从主流科学界已接受此报告的结论可以看出此报告的科学可信度是很高的。詹姆斯·汉森这位耿直的艾奥瓦州的物理学家，在 1988 年告诉美国参议院委员会的论点，现在已成为被普遍接受的科学事实。是谁以及是什么造成全球变暖和气候变化的答案，现在已经尘埃落定，"凶手"就是人类自身的活动。

2. 报告结论简述

根据多次评估报告发现的结论，以第四次 IPCC 评估报告为例说明如下。

（1）气候系统的变暖现象已毋庸置疑。

（2）从 20 世纪中叶起，全球平均温度上升的主要原因很可能是人类活动导致了温室气体浓度的增加。

（3）人类活动所造成的全球变暖和海平面的上升将持续数个世纪。即使温室气体的浓度不再增加，该变暖现象还将持续。

（4）在 21 世纪，全世界的温度将可能上升 1.1～6.4℃。

（5）海平面将上升 18～59cm。

（6）将有更频繁的气候变化及变暖。

（7）将会有更多的干旱、热带气旋、热浪、强降水和极大的海潮。

（8）人类在过去和未来所排放的二氧化碳将持续造成地球变暖和海平面的上升，在短期内其变化的速度超过以往 100 万年来的累积。譬如，从 18 世纪中叶起至 21 世纪初，人类活动所排放的温室气体量远超过之前 65 万年来的数值。

3. 观察结果

本书的目的并非重述已有的报道，因此这里仅摘录 IPCC 第四次评估报告的几个重要的观察结果，来说明气候变化对地球环境和人类健康的威胁与日俱增。

（1）大气的改变。

二氧化碳、甲烷和氧化亚氮都是稳定的气体，可以存在相当长久。"从 1750 年起，人类活动所造成的全球大气中的二氧化碳、甲烷和氧化亚氮的增加量，远远超过尚未工业化前的数值。"

（2）地球的变暖。

地球变暖导致通常冷的白天、冷的夜晚和雾霜变少，而热的白天、热的夜晚和热浪出现得更为频繁。

1）与之前比较，1995—2006 年是有记录以来最暖和的 12 年（从 1850 年小冰期结束起）。

2）过去一百年的全球气候变暖已经造成全球平均温度升高 0.74℃。从 1961 年起，海洋吸收了气候系统 80% 的热量，使得海洋温度上升影响深度达 3000m。

3）过去的一个世纪中，大西洋平均温度增加量几乎是全球平均温度增加量的两倍。

4）在 20 世纪的后半叶，北半球的平均温度比过去 500 年来的任何 50 年都高，这也可能是过去 1300 年来最高的 50 年（包括中世纪的暖期和小冰期）。

（3）冰、雪、永冻土、雨和海洋。

该报告记载了风强度的增加、永冻土面积的减少，以及干旱和豪雨事件的增加。此外还有以下现象。

1）南北半球的冰河和雪覆盖面积都有所减少。

2）冰岛和南极洲冰层减少很可能造成了 1993—2023 年海平面上升。

3）海洋变暖使得海水体积膨胀，造成海平面的上升。1961—2023 年，海平面每年以平均 1.8mm 的速度上升；1993—2023 年，海平面每年以平均 3.1mm 的速度上升。

（4）飓风。

1）从 1970 年起，北大西洋的飓风强度增加了，这和海面温度的上升有关。

2）在 21 世纪，我们很可能会看到飓风强度继续增加。

（5）让地球变暖或变冷的因素。

1）地球变暖或变冷的因素和辐射强度有关联。

2）二氧化碳、甲烷、氧化亚氮、卤化碳、其他人为的变暖因素和太阳活动的改变等，都对地球变暖有"贡献"。

3）因为移除大气中的二氧化碳需要很长时间，所以人类在过去和未来所排放的二氧化碳将持续造成全球变暖和海平面的上升，其速度超过以往的一百万年。具体参照 IPCC 第四次评估报告。

IPCC 发布的第五次评估报告包括 831 个气候专家（从 3000 位被提名者中挑选出来）的工作和成果，内容涵括气象、物理、海洋、统计、工程、生态、社会科学和经济等领域。在挑选该团队成员过程中，IPCC 强调必须考虑区域和性别平等，也认识到让新进和年轻作者参与的重要性。第六次评估报告在 2021 年推出，2023 年在第 28 届联合国气候变化大会上讨论通过。

4. 讨论如何应对气候变化

本章和第 8 章用丰富的例子介绍了气候变化并且给予了建议。本书特别强调了大力发展绿色能源的重要性。气候变化导致了失衡，气候反常案例可参看附录 A。为了应对气候变化，我们需要采取一系列的措施，本书将从减少碳排放、提升可再生能源的占比，到全球协作、保护生态和减少环境污染等方面进行简要说明。

减少碳排放是应对气候变化的关键（United Nations，2023）。碳排放是导致全球变暖的主要原因之一。政府和企业应加大投入，推动绿色技术的研发和应用，限制高碳能源的使用，并制定相关政策和法规来鼓励减排行动。同时，个人应该积极参与减排行动，譬如选择环保的出行方式，减少能源消耗和碳排放。

提升可再生能源的占比是应对气候变化的重要举措。供给侧要落实可再生能源，用户侧要制定净零排放能源使用。减少碳排放有赖于大幅度提升可再生能源的占比。

全球协作、保护生态和减少环境污染同样是应对气候变化的重要方面。生态系统对调节气候具有重要作用。

气候变化是全球性的问题，需要各国和各界共同应对。各国应加强交流与合作，共同制定和落实全球减排目标。各国政府、企业、个人以及全球社会都有责任和义务参与到这项全球事业中，共同推动可持续发展，保护地球家园。

第4章 综合能源系统优化及案例分析

能源问题是应对气候变化的核心问题。探索新型能源系统是全球各国的共同课题。综合能源系统是新型能源系统的具体实现形式，我们将在本章对其进行专门讨论。综合能源系统是将多种不同能源利用的形式及技术进行结合和整合，以满足能源需求和实现可持续发展的能源系统。它不仅涵盖了传统能源，如石油、天然气和煤炭，也包括新能源，如太阳能、风能、水能和生物质能等。通过将不同能源形式相互补充和交叉利用，综合能源系统具有多样性和可持续性的特点，能够提高能源利用效率，减少碳排放，为人类社会带来新的发展契机。

综合能源系统的微电网技术包含混搭式能源的应用及其优化。综合能源系统的发展涉及能源生产、储存、传输和利用等方面。在能源生产方面，混搭式能源注重整合和优化能源生产设施和技术，最大程度地利用资源。传统能源与新能源的协同发展，可以充分发挥各自的优势，提高能源生产的效率和可靠性。比如，将可再生能源发电、储能和传统煤电相结合，可以为用户提供能源的平衡供应。利用风能和水能的互补性，可以提高能源稳定性。采用混搭式能源的生产模式，可以更好地应对能源供需矛盾，实现能源的可持续发展。

在能源储存方面，综合能源系统可以通过结合储能技术和智慧电网系统，实现能源的调峰和平衡，解决能源供需的不匹配问题。能源储存技术的创新和应用，可以提高能源利用的灵活性和效率。将可再生能源的过剩能量储存起来，可以在需要的时候再释放出来，满足人们的能源需求。同时，混搭式能源的储存技术还可以提高能源系统的安全性和可靠性，减少能源事故和供电中断的风险。

在能源传输方面，综合能源系统需要建设高效的能源传输网络，以便将能源从生产地传输到各个用户，确保能源的平稳供应。通过建设智慧电网系统，可以实现对能源流动的精确控制和实时监测，提高能源传输的效率和稳定性。混搭式能源的传输网络将成为实现能源均衡配置和优化利用的关键环节。

混搭式能源的发展离不开政策的支持和市场的引导。建议各国政府加大对综合能源系统研究和应用的支持，通过制定相应的政策和法规，为综合能源系统的发展提供政策环境和市场机制。政府还可以通过激励机制和财政支持，推动综合能源技术的创新和产业化。市场机制也能起到重要的作用，它可以鼓励企业和投资者参与综合能源项目，推动其商业化和市场化。

4.1　综合能源系统的概念

4.1.1　综述

1. 定义

综合能源系统是指利用多个不同类型或多种的能源资源，通过它们之间的相互补充及协同作用来满足能源需求的系统（Jin，2023；Couto et all.，2020）。综合能源系统的目标是提供可持续且可靠的能源供应，降低对单一能源的依赖，减少温室气体排放，增加能源系统的韧性和灵活性。

2. 结构

综合能源系统通常包括可再生能源和传统能源。可再生能源包括太阳能、风能、水能和生物质能等种类，而传统能源则包括石油、天然气、煤炭等。这些能源资源在综合能源系统中相互配合和协同工作，以满足能源供应需求。

3. 优缺点

（1）综合能源系统的优点。

1）可持续性。通过利用可再生能源，综合能源系统可以减少人类对有限化石能源资源的依赖，促进可持续发展。

2）灵活性。综合能源系统可以根据能源需求和资源供给情况进行灵活调整，提高能源的利用效率和供应的可靠性。

3）温室气体减排。将可再生能源与传统能源结合使用可以减少温室气体排放，降低对气候变化的影响。

（2）综合能源系统的缺点。

1）建设成本。综合能源系统的建设和运维成本较高，前期需要一定的经济投入。

2）能源平衡。在设计和运营综合能源系统时，需要考虑不同能源之间的平衡和配合问题，增加了系统的复杂性。

4.1.2　应用

综合能源系统的应用涵盖各个领域，包括能源、交通、建筑等。

（1）能源领域。综合能源系统在能源领域的应用包括电力系统、供热和供冷系统等，以实现能源的平衡和供应的可靠性。

（2）交通领域。综合能源系统在交通领域的应用包括电动汽车、混合动力汽车等，以减少对传统燃油的依赖。

（3）建筑领域。综合能源系统可以应用于建筑领域的供能和节能，包括太阳能热水器、光伏发电系统等。

4.1.3　原理说明及讨论展开

综合能源系统将协同利用多种不同类型的能源并进行资源整合，以满足能源需求，实现能源供给的平衡和稳定。不同能源资源之间的相互补充和协同作用是实现综合能源系统的关键。

综合能源系统的原理可以从以下几个方面解释。

（1）多能源利用。综合能源系统可以利用多种不同的能源资源。

（2）智能调度。综合能源系统通过智能调度和管理技术，根据能源需求和资源供给情况进行能源优化配置和调度。

（3）储能技术。综合能源系统可以利用储能技术，将多余的能源存储起来，待需要时释放，以平衡能源的供需关系。

（4）能源互联。通过能源互联技术，不同能源系统可以相互连接和交互，实现能源的共享和平衡。

新兴的综合能源技术是实现碳中和的重要手段之一。通过综合能源系统，人类可以实现能源的高效利用，减少碳排放。

2011 年，联合国秘书长潘基文发起"人人享有可持续能源"（Sustainable Energy for All）倡议。倡议初始提出三大战略目标，即到 2030 年确保全球普及现代能源服务，能源利用效率翻番，可再生能源在能源消费结构占比翻番。为实现倡议目标，2013 年，潘基文任命人人享有可持续能源问题特别代表一职（副秘书长级）和首席执行官，随后在维也纳设立办公室，负责在全球范围内推动倡议实施并已取得一些成效。2016 年，该倡议发展为"人人享有可持续能源"组织，该组织提出了综合能源系统的概念，旨在通过整合可再生能源、能源储存和能源效率技术，实现可再生能源的普及和碳中和。

4.2　数字化能源

　　数字化能源是指通过信息技术和数据分析等手段，对能源系统进行智能化管理和优化。数字化能源是一种能源系统管理方式。智慧电网是数字化能源的典型应用之一，可通过实时监测和控制能源供需，实现电力系统的高效运行和碳排放的减少。

　　数字化能源通过应用智能传感器、监测设备、数据分析技术等，可以实时监测、预测、管理能源系统的运行状态和能源消耗情况。数字化能源可以通过数字化技术对能源进行管理和控制，提高能源系统的效率、安全性、可靠性和可持续性，从而促进碳中和的实现。AI、大数据、物联网等技术可以为数字化能源的发展提供支持。数字化能源的发展以及应用，不仅能有效地应对能源之间协调不当方面的问题，同时可以节省能源成本，大幅提高能源利用效率。

　　数字化能源是综合能源系统中的重要技术。它可以发挥以下作用。

　　（1）能源监测与管理。数字化能源可以实时监测和管理各种能源资源的供应和消耗情况，优化能源分配和调度，实现能源系统的高效运行。

　　（2）能源优化与预测。数字化能源可以通过分析历史能源数据和使用趋势，进行能源需求的预测和优化，以减少能源浪费，实现能源的高效利用。

　　（3）能源整合与分配。数字化能源可以将不同能源资源进行智能整合和分配，根据能源需求和供给情况进行灵活调度，提高能源供应的可靠性和环境可持续性。

　　（4）能源交互与共享。数字化能源可以实现能源之间的交互和共享，例如，可再生能源和传统能源之间的互补利用、能源网格的智能连接等，以提高能源系统的韧性和适应性。

4.3　综合能源系统的优化模型

　　在综合能源系统控制中，优化模型起着重要的作用。优化模型应用数学方法，通过建立数学模型和运用优化算法，寻找最优解或近似最优解，以实现系统的最优化调度和资源的最优配置。

综合能源系统以多种能源发电及其资源转换作为输入参量,在经过发电、储存和传输等环节后,综合利用了多种能源。随着能源供需结构的变化和人类保护环境意识的提升,综合能源系统及其优化控制对于碳中和的贡献已经引起广泛的关注。为了减少能源系统在输出电能过程中产生的碳排放量,混搭式能源已经成为各国能源政策的重点关注对象。采用混搭式能源的目的包括充分利用光伏和风能的发电量,以此来解决能源生产过程中二氧化碳排放量转化率高的问题。输出电能时二氧化碳排放量与输出电能之比被称为能质转化率。混搭式能源是指对多种不同形式的能源进行智慧混合利用,降低能质转化率、更好地满足清洁能源的需求。混搭式能源能一定程度减少对单一能源的依赖性,降低能源成本,并能减少环境污染,它是可再生能源实际应用的重要解决方案之一。另外,混搭式发电是指"互补"地应用多个能源,如通常的风光发电按照特定比例及特定设计给予互补应用。

本章节的结构如下。第 1 小节介绍了绿色经济电力资源的背景和迫切需求,并介绍了可再生能源和公用电力系统特征矩阵(PUM)。第 2 小节讨论了PUM 的数学模型和几个应用。此外,第 3 小节还讨论了 PUM 及求解具有PUM 模型的系统性方法。第 4 小节讨论了实现碳中和目标需要的解决方案和资源。

4.3.1　背景

本节将讨论有多种适用场景和用途的方程。其中有关能源供需的方程可应用于预测和调整能源供需关系,有关碳排放量的方程可应用于追踪和优化碳排放。详细展开如下。

图 4-1 展示了一个分布式能源、微电网和简化的 PUM 模型,以解决供应能源的电力、成本和碳排放问题。同时,它也展示了多种能源输入和 3 个输出函数的原理,可称之为能碳价模型。图的左侧表示 3 个输入端,即光伏(PG)、储能(ES)和电网(GP)。其中,电网是较大的骨干电力资源。图的右侧为 3 个输出函数,即负荷、碳排和花费,分别代表功率输出、碳排放数据及其用户的功率经济性。优化能源调度的重点是在实现经济和环境目标的同时,提供所需的电力输出。

在电网模式下,微电网并网模式通常比独立模式具有更佳长期可预测性和可靠性。科研人员研究微电网矩阵 PUM 模型的目标是产生稳定的输出功率，以满足用户需求，满足给定的经济和环境要求的标的容量。PUM 模型可以表达如下。

$$
\begin{bmatrix} En^T \\ CE^T \\ Co^T \end{bmatrix} = \int_{T_0}^{T} \begin{bmatrix} 1 & 1 & 1 \\ K_{e\_PG} & K_{e\_ES} & K_{e\_GP} \\ K_{c\_PG} & K_{c\_ES} & K_{c\_GP} \end{bmatrix} \cdot \begin{bmatrix} P_{PG}^t \\ P_{ES}^t \\ P_{GP}^t \end{bmatrix} \cdot \mathrm{d}t \qquad (4-1)
$$

$$
\begin{bmatrix} CP^t \\ CE^t \\ Co^t \end{bmatrix} = \begin{bmatrix} 1 & 1 & 1 \\ K_{1\_PG} & K_{1\_ES} & K_{1\_GP} \\ K_{e\_PG} & K_{e\_ES} & K_{e\_GP} \end{bmatrix} \cdot \begin{bmatrix} P_{PG}^t \\ P_{ES}^t \\ P_{GP}^t \end{bmatrix} \cdot \tau \qquad (4-2)
$$

其中，$\tau = \Delta t / \mathrm{TU}$ 为调度区间，Δt 为调度时间，TU 为 1h。例如，若调度时间为 5min，则调度区间为 $\tau = 1/12$。En^T 表示在给定时间内输出给用户的总能量。CE^T 和 Co^T 分别是给定区间的总碳排放及相关的用户花费。

类似地，公式(4-2) 中 CP^t 表示功率输出。CE^t 表示来自分布式能源和电力公司的碳排放率（包含产品生命周期的碳排）。Co^t 表示用户用电量的花费率。

根据这些公式，我们可以推导出 3 个输出函数值的依赖关系。在微电网经济和碳排放计算模型中，矩阵的第一行表明，用户的电力需求全部由新能源、储能和电网提供。换句话说，这一行表示模型使用了当前的能源产出水平，可用的存储能量和外部电网提供的能源，并以智慧化方式确保消费者可以在不中断服务的情况下使用电力。

图 4-1 的中间图示说明了一个模型及其呈现智慧电力效用矩阵系统的解决方案。

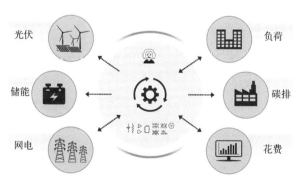

图 4-1　分布式能源、微电网和简化的 PUM 模型

$$[负荷, 碳排, 花费] = [K_{ij}; 3 \times 3] \cdot [PG, ES, GP] \quad (4-3)$$

或

$$[3O] = PUM \cdot [3I] \quad (4-4)$$

公式(4-4)中的 $3I$ 表示 3 个输入参数；PUM 为一个 3×3 的方阵。公式(4-3)中 K_{ij} 的 9 个参数是电力微电网系统的特征参数值。

$3O$ 表示 3 个输出变量或关键输出函数，它们分别为负荷、碳排、花费。

公式(4-2)的第一行中系数的典型值通常在 0.95 左右。因此，可以为每个 K_{1j} 简单地分配一个值 1。K_{1j} 是输入与输出功率的传递系数。

K_{11} 的典型取值范围为 0.92 至 0.98；对于储能供电，K_{12} 的典型取值范围为 0.0.95 至 0.98；对于电网供电，K_{13} 的典型取值范围为 0.95 至 0.98。为了保持特定公式(4-2)的输出功率质量，必须满足功率平衡约束，因此，PUM 的第一行公式可以写成如下形式。

$$CP^t(t) = P_{PG}^t + P_{ES}^t + P_{GP}^t \quad (4-5)$$

其中，$CP^t(t)$ 代表输出给消费者的电力，P_{PG}^t 代表发电机的功率，P_{ES}^t 为储能系统交换的功率，P_{GP}^t 为微电网和电网的电力交换值。

基于数学模型的有关解答对客户具有重要价值。在对 K_{2j} 的研究中，可以发现有一个详细的模型具有时间依赖性。矩阵的第 2 行表示微电网运行所产生的碳排放。

选择典型的二氧化碳碳排因子 K_{2n}。根据对目前技术的发展调研，研究人员获取了相关产业供应链的全生命周期反应的碳指标。

有关设备指数的 K 矩阵值如下。对于光伏系统，PG 的典型数值 K_{21} 为 0.09283kg/(kW · h)；对于风能系统，PG 的典型数值 K_{21} 为 0.011128kg/(kW · h)；对于锂电池储能系统，ES 的典型数值 K_{22} 为 0.00057kg/(kW · h)；对于国内市场的标准煤系统，ES 的典型数值 K_{23} 为 0.832kg/(kW · h)；相关的清洁炭粉的典型数值 K_{23} 为 0.425kg/(kW · h)。

该分布式能源系统的碳排放值参照公式(4-6)如下。

$$CE^t = K_{21} \cdot P_{PG}^t + K_{22} \cdot P_{ES}^t + K_{23} \cdot P_{GP}^t \quad (4-6)$$

分布式能源系统的碳排放量（在商业数据中）取决于相关技术的成熟度，这可能严重依赖于时间、制造方法、工作条件及其在供应链中的相对位置。

我们调研了目前采用太阳能再生能源（即锂电池）电网发电技术的商业成本结构。净电费是收入和费用的差额，它是当用户从微电网或者从电网购买电力时所产生的费用，对应的是将电出售给电网所得的收入。通过管理高峰、低谷和存储，产消者应该有可能保持供需之间的费用平衡，而不产生昂贵的电力峰值费用。基于目前的技术发展，我们展示了一个普遍适用的科学原理，它是帮助智能电力系统设计的良好工具。运行微电网的净电费显示在公式(4-2)的第 3 行。

从外部电网购买能源的成本和输出能源的收入可以参考下一小节的表 4-1。

该系统花费的参照公式(4-7) 如下。

$$Co^t = K_{31} \cdot P_{PG}^t + K_{32} \cdot P_{ES}^t + K_{33} \cdot P_{GP}^t \qquad (4-7)$$

其中，K_{31} 为光伏发电每千瓦时的成本，主要包括光伏组件、逆变器、变压器、支架、配电设备的采购和安装费用的折旧、日常维护费用。光伏组件的燃料成本为零。设备折旧和维护成本（包括运行成本）的比率一般约为 7:3，其设备的实际使用寿命约为 20 年。影响折旧成本的最大变量是当地的光照资源。光照资源越丰富，相当于安装单位的投资越低，折旧也越低。我们计算时，K_{31} 的值来源于中国的平均水平，对于光照资源极其丰富的地区，如印度、巴基斯坦、中东、北非和中美洲，在采用相同设备的情况下，K_{31} 可有所减小甚至减半。

K_{32} 为储能成本，主要包括设备折旧和电力损耗。维护成本相对较低，主要由人员工资组成，但太阳能/风电配电网储能电站一般由太阳能发电站/风电场人员兼职维护。在确定技术条件的情况下，储能成本最主要的影响因素是储能系统的利用频率，关于储能成本与利用频率的关系，我们将在下一小节详细讨论。可以根据平均充放电频率，如一天一次，估算出 K_{32} 的值。

K_{33} 是外部购电的成本。一般来说，在交易过程中，它与购入价 Cb、销售价 fs 及其可能的差额政策有关。fs 和 Cb 的值并不相等，这取决于微电网投资者和电网公司是否签署了电力买卖协议；一般来说，Cb 的绝对值约等于 fs 的绝对值。K_{33} 值是前两个因素的市场状况的平均值。在中国和德国等国家，各国政府已经实施了 20 年的目标政策，这些政策提供了大量的责任险定价激励措施，以增加电网上的销售。

在目前的商业阶段，可提供一些 K 的参考值如下。某省市的 K_{31} 为 0.648RMB/kW·h，K_{32} 为 0.72RMB/kW·h，K_{33} 为 0.36RMB/kW·h。

K_{3j} 的值不是固定的。它们可以随时间和不同地区变化。譬如，按照定价的政策和市场指定情况发生变化。

整个矩阵与典型碳排放情况是可以预估的。公式(4-6) 关于碳排放率的计算及预测，对于我国 2030 年实现碳达峰及 2060 年实现碳中和具有重要意义。并且其应用具有很重要的附加社会价值。公式(4-1)可应用于科学方法规划和执行，更多的有关研究可参考书后文献。

为了评估某个大型综合体的碳排放，可以采用如下的简明推理公式。

$$碳排放 = \sum_{i=1}^{N}(\text{Power}_i \times \text{EMCR}_i) \qquad (4-8)$$

上式中 $i=1,2,\cdots,N$，Power_i 代表分布式能源，其中，N 是所有分布式电力活动的总数或所有经济活动的总数。EMCR_i 是分布式能源对应的能质转化率。公式(4-8)计算的是一阶近似值。这里假设高阶近似（如传输损耗、电力波动等）可以忽略不计，这一假设在大多数情况下具有较高的准确性，能够为碳排放评估提供可靠的基础。大型综合体的碳排放控制需要从电力消费、碳交易市场管理、碳达峰政策以及供应链优化等多个方面入手。通过科学地控制碳排放因子、定期更新电力排放因子及优化供应链设计，可以有效推动碳中和目标的实现。

4.3.2　为智慧能源提供的电力效用矩阵

本书提供了一种普适的智慧电网技术工程的数学模型。从公式(4-1)可以看出，该数学方程是一个普适的积分方程。

当问题被转化为一个有趣的数学公式时，我们就可以运用数学方程或框架以一种通用的方式来解决问题。通过求解公式(4-1)中的三个本征值并求导出特征空间中的 3 个本征态，可以简化线性代数方程。这个线性代数问题的本征空间中具有 1 个可对角化矩阵和 3 个正交变量的本征（求本征值）方程。这个 3×3 方阵是一个可对角化的矩阵。我们可以从矩阵的线性代数计算中推导出这些本征态。

通过模拟计算可得到如下发现。来自微电网的电能可通过物理交易方式销售给用户，这些交易通常发生在高峰时期和低谷时期。它是许多独立的发电储能和微电网在能源分配网络中的竞争过程。

微电网必须进行电力需求管理，以确保其在紧急情况下能够满足相关的能源需求。微电网负荷一般分为临界负荷、可控负荷或不可控负荷。电力系统必须能在任何给定的时刻满足临界负荷的要求。

储能系统是分布式能源系统实现优化调度和稳定供电的核心组件，而双储能是一种增值的工作模式（苏家鹏，2022；Zhang et al.，2019）。在特殊情况下，它们可根据需要削减或调整可控负荷；在正常情况下，它们可优化负荷使用和节能目标以管理系统对需求的响应。例如，当电价较低且系统没有出现需求峰值时，使用电力可作为储能或储热储冷等热负荷从而转移电力优化负荷。特定家庭的用电负荷与用户的用电偏好及其舒适度直接相关。用户可以通过使用智能设备（如智能开关和智能恒温器），实现在室内无人时关闭特定负荷。储能系统是普通微电网的关键组成部分之一。双储能系统不仅在电网运行中能发挥显著效用，还对延长电池寿命具有重要价值。可再生能源利用设备，如太阳能光伏，具有可变性，它的实际供电时间取决于太阳在天空的运行位置。为了持续供电，剩余的电力必须通过互补性设备提供，如储能系统。下面将讨论双储能系统的工作原理。

　　智能微电网架构如图 4-2 所示。每个储能设备都以双储能模式编程，程序可在整个充放电循环中持续发出实时控制指令，具体程序可参考书后文献（苏家鹏，2022）。研究表明，优化深度循环和提高利用频率，可以有效降低储能成本并延长设备寿命。

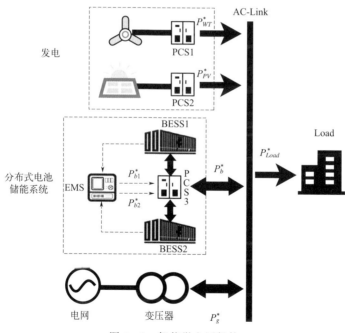

图 4-2　智能微电网架构

　　提高电池的利用频率可以通过分摊折旧成本来降低储能设备的实际成本。例如，将电池的利用频率从每天一次提高至每天两次，可将单位能量成本降低 15%～25%（Zhang et al.，2019）。其原因与电池的日历寿命和寿命周期有关。当电池达到日历寿命或寿命周期的设计值时，就需要更换；因此，若电池在达到周期寿命之前达到日历寿命，利用频率的增加便可以按比例减少折旧和分配，反之亦然。此外，提高电池的利用频率也可以减少功率损耗，这主要是由于储能系统的内部热管理、监测等的支持功耗比随着利用频率的增加而减小。

深度循环是指电池在充放电过程中达到较高的放电深度，如80%或更高。用深度循环替代浅充浅放循环，能够显著延长电池的充放电寿命。浅充浅放循环会导致电池频繁充放电，加速其老化。当储能设备的使用频率增加时，设备的固定成本被分摊到更多的充放电循环中。合理控制充放电深度是降低储能成本的重要策略。双储能就是一种相当好的储能运营方式。

在分布式能源条件下对 PUM 模型进行模拟。图 4-3 展示了一个地铁公交系统模拟的测试结果。该测试结果显示了典型的能量进出情况，其中（a）是采用了具有储能的分布式能源系统的调度组的情形，（b）是比较组的情形。在双储能系统中，双储能可以独立应对预测误差，并能实时跟踪微电网系统

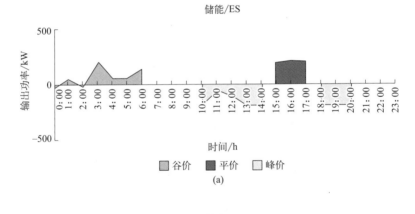

(a)

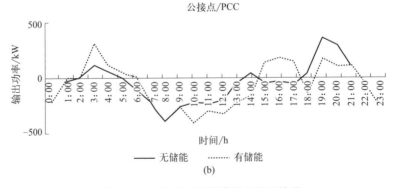

(b)

图 4-3　地铁公交系统模拟的测试结果

的日前交易计划。

根据上文的分析，可以得出使用双储能系统是有益的。其工作原理图如图 4-4 所示。外部查看者的能源供应似乎应是一样的，但在提供储能、延长存储寿命，以及涉及许多潜在利益的操作方面，实则有明显差别。

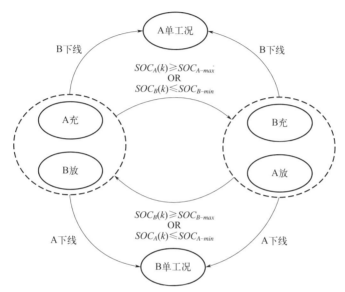

图 4-4   双储能系统合作工作模式的充放电循环原理

该 PUM 的数学模型可以很容易地应用于所有的微电网系统，此时可以简化为公式（4-3）。

表 4-1 显示了在多种硬件情况和架构方法下的基于计算机模拟的每天一转的峰谷轮环得出的经济成本列表。表中对多种方法进行了比较。表 4-1 比较了一些分布式功率合并的总功率数据和成本数据（苏家鹏，2022）。注：负成本表示支出，负峰值或谷负荷表示产出。

表 4-1   经济成本列表

方法	基本荷载	传统的风能太阳能	智慧风能太阳能
成本/美元	−1434.75	−12.26	+80.19
峰值负载/kW	6908	40	−1289
谷负荷/(kW·h)	2608	−398	22

在上一小节中，PUM 变换矩阵提供了基于输入分布式能源变量的输出解决方案。因此，复杂的分布式能源架构转变为一种简化形式，即公式（4-4）。

公式(4−4) 中的 $3I$ 表示三个输入参数，PUM 为一个 3×3 方阵。这个转换方程的解决方案可以在本征空间中直接获得，并且可由 3 个本征值和 3 个本征态来表征：λ_1、λ_2 和 λ_3。

公式的简要说明如下。在相关的本征空间中，每个输出函数都与每个确定的本征态相关，并直接关联相应的输入变量，这变量被称为正交变量。这 3 个本征态的每个临界输出都取决于它的正交变量。例如，本征空间中功率输出的增量是通过调整其正交本征变量来实现的，此过程不会影响其他输出值。这在一定程度上有益于碳排放值的调控。

上一小节所述的能质转化率基本上由 Beta 因子（也称碳排因子），即 λ_2/λ_1 决定。

PUM 系统的 Beta 因子的计算公式(4−9) 如下。

$$\beta_c = \lambda_2/\lambda_1 \qquad\qquad (4-9)$$

我们基于本征空间中临界变量内的临界值建立了输出函数。该 Beta 因子是输出能量和碳排放的比率。一种 AI 算法会发出命令，自动设置输出功率值。当实现 EBC 作用时，功率呈现转换交易并连接到可再生能源和储能系统。

分布式能源方法如图 4−1 所示。在实际应用时，该模型可以在 DES 的应用中进行进一步分析扩展。用 DES 方法和在 3I3O 模型中，如图 4−4 所示。以上这些情形已经在本节中完成了案例应用及算法验证。

4.3.3　能源区块链

在一个分散的能源系统中，能源供应合同可以实现生产者和消费者之间实时、直接的沟通和交易。启用能源区块链（Energy Blockchain，EBC）可能促使生产者和消费者之间产生相当数量的交易，这会使得每笔交易的成本更低。区块链通过消除对第三方监测平台的依赖，促进了当地能源与消费之间的直接互动和交易。

在能源区块链中，AI 软件指示系统连接到输出终端，即客户端节点。EBC 的分类账可以在 5min（或在不同的时间）内完成。可再生能源将会成为区块链在能源行业应用的重要选项。目前，研究人员已做了各种相关研究，获得了大量数据，这些成果催生了许多研究报道。

如图 4−5 所示，分布式能源可以通过互联网区块链选项与客户交易。图 4−5 中 EBC 的经典区块链结构展示了供应商与客户和客户与互联网的点对点网关。一个智慧电网可以适用于所有的数字电力场景，其中的客户端节点代表了所有的产品。图 4-5 展示了无钥匙区块链即服务接口的流程图，其优势是可信度高，满足了供求群体的安全需求。

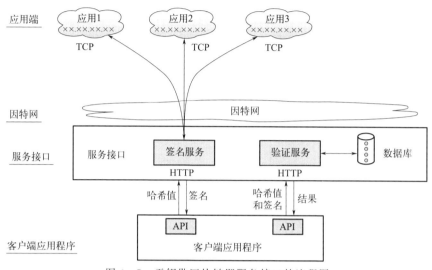

图 4-5　无钥匙区块链即服务接口的流程图

4.3.4　讨论和结论

1. 讨论

为实现碳中和，全球必须增加可再生能源发电的份额。按照中国的能源需求，有人预测太阳能和风能的发电份额必须达到 78%，才能实现碳中和。为了在 2030 年实现碳达峰并在 2060 年实现碳中和目标，中国的政策是加快发展风光等新能源，国家一次能源供应中的可再生能源份额应至少达到 80%。目前全球发电量已超 2 万 TW·h，因此世界至少需要 2 万 TW·h 来保证生活质量。为实现碳中和，需要有约 78% 的发电量来自太阳能（47%）和风能（31%）等可再生能源，即太阳能和风能需要分别提供 9400TW·h 和 6200TW·h 的电能，并搭配合适的储能设备。

科研人员研究分布式电网时发现，Beta 因子是一个可以跨能源系统衡量能质转化率的指标。在燃料发电领域，可以通过针对不同燃料类型（如煤炭、天然气）设定相应的 Beta 因子，以鼓励人们选用低碳燃料（如氢能、生物质能）。需要注意的是，在实际的电力生产过程中存在放空与逃逸温室气体的问题，为有效解决该问题，我们建议加强过程管理，包括加强对油气开采、化工等行业的监管。另外，对于工业生产过程、电力消费、产品消费使用等环节，也应通过设定合适的 Beta 因子加以管控。我们建议将现阶段国内各行业的 Beta 因子设定为 $0.22 \sim 0.425 \mathrm{kg}/(\mathrm{kW} \cdot \mathrm{h})$（生态环境部，2023），以便全国稳定达成碳达峰目标，并避免在达到碳达峰后出现碳排放量反弹的情况。

为实现碳中和，我们建议设置如下 3 个阶段的 Beta 因子目标：①标准煤发电行业的 Beta 因子达到 $0.832 \mathrm{kg}/(\mathrm{kW} \cdot \mathrm{h})$；②达到碳达峰，各行业的 Beta 因子控制在 $0.22 \sim 0.425 \mathrm{kg}/(\mathrm{kW} \cdot \mathrm{h})$；③达到碳中和，各行业的 Beta 因子接近 0。

科研人员还发现一个有趣的挑战：获得一个纯粹的分类输入（Cat），使得每个类别都可以由一些匹配的输入实体的组合组成。4.3.1 节中的 PUM 是一个 3×3 方阵，便于推导本征态矢量和本征值。PUM 可以传递 3 个本征态或本征值。因此，可以通过求公式(4-4)的解得出一些简化的碳中和指标。

因为可再生能源系统存在许多复杂的交互特性，本书对该系统的优化进行了简化处理，建立了一个重要的基础数学模型。为了提供具有普适性数学描述的背景，我们将微电网的能量优化调度转化成了一个涉及多重约束条件和多目标优化的问题。优化的目标是通过合理的协调来实现最大的总体收益，为此可以使用大数据进行能源、存储、微电网和负载的各方通信。分布式电网具有并网模式和独立模式两种运行模式。这两种模式都需要适当的分布式能源、储能和负载调度。其中，在独立模式下微电网可以更可靠地运行。然而，分布式能源的调度过程是复杂的。我们可以用数学模型描述其存在的普遍定律，并适当地求解讨论。

目前的 PUM 利用了三个输入类别，每个类别都可以扩展如下：Cat1 表示有可再生能源，Cat2 表示有能源存储，Cat3 表示有微电网。需要注意的是，PUM 模型在实践中可能会遇到超出基本 PUM 方案的情况：每个输入参数可以是多个参数的组合，如几种可再生能源的组合或混搭式新能源。此外，客户在使用应用程序时可能会有不同的要求，而基于深度学习得出的知识对于产出良好的解决方案而言很有价值。每类分解都可以被适当地整合起来，以便满足上述模型的建模要求。

在实际应用中，PUM 模型是解决微电网问题的一种有效方法，人们可以用它来处理复杂情况，并应对更复杂的系统解决方案。

2. 结论

总的来看，我们通过对分布式能源系统的预测、设计和执行模型进行研究，得到绿色能源系统的优化结果。本书提供了相应的公用电力设备矩阵 PUM 模型、3I3O 模型，对此展开了多种应用讨论，并进行了 3I3O 模型的案例研究，从中得到了 2 个重要的、有普适性的公式。另外，我们发现能源区块链是很有趣的应用。相信本书提供的这些模型及其应用将有力推动碳中和的实现进程。

通过该解决方案，我们可以更加准确地预测能源供需情况，合理设计能源系统的结构。该解决方案可帮助产消者（Prosumer）有效执行其能源生产、储能及分配方案。另外，本书探讨的能源区块链技术能够提高能源数据的透明度、安全性和可追溯性。能源区块链为分布式能源系统的管理提供了新的可能性，促进了能源市场的公平竞争和高效运行。通过将区块链技术与数学模型相结合，可以实现能源系统的智能化管理，进一步推动"双碳"目标的实现。为在 2030 年实现碳达峰的目标，研究建议国内宜将 Beta 因子目标设为 $0.22 \sim 0.557 \mathrm{kg}/(\mathrm{kW} \cdot \mathrm{h})$。

期待未来的进一步研究可以深入挖掘这些模型、算法和相关区块链技术的潜力，为可持续能源发展提供可规模化、更加可靠的高能效系统。

4.4　综合能源系统优化模型的应用

综合能源系统可通过整合多种能源资源（如电网的电力、可再生能源及储能等），优化能源生产、传输、储存和消费，它能够显著提升能源利用效率并减少碳排放。本节将探讨综合能源系统优化模型在各个领域可能发挥的作用。我们将看到，它可以提供定制化的能源解决方案，推动我国实现"双碳"目标，并促进经济的高质量发展。

在碳中和智慧能源系统控制中，综合能源系统优化模型可应用于多个方面。在优化调度能源生产方面，它可根据需求预测能源价格，动态调整发电计划；在选择能源传输的最优路径方面，它可通过智慧电网，优化或缩短电力传输路径，降低损耗；在配置能源储存的最优容量方面，它可根据供需波动，合理配置储能容量，提高系统稳定性。

综合能源系统的优选标准如下：在电力方面要确保电力供应的稳定性和可靠性；在碳排放方面要优先选择低碳排放的能源组合；在成本方面要优化

能源成本，提高经济竞争力。

4.4.1　能源脱碳

在能源脱碳方面，优化模型已经取得了许多高科技成果，以及有价值的商业和技术进展。尽管太阳能的日内变化和风能的不稳定给人们带来了不可预见的挑战，但许多国家已经开发出了先进的技术，能够使用这两种可再生能源。那些不能参与运用了可再生能源的电网公用事业的企业，可以通过选择购电类别间接参与。可再生能源系统可包括当地分布式的发电系统，形成微电网，并集成各种互补性发电和存储应用过程。

4.4.2　微电网供电

可以通过数字化能源精心导出，并通过先进的算法计算，在微电网中产生的能量使能源生产商的供应与消费者的需求相匹配，确保电力的稳定和供应质量。

除了能源的生产者和消费者外，还有一类崭新的微电网的电力生产暨消费者，即产消者。这些产消者可以通过与其他用户交易剩余的能源获利或从与能源相关的交易中获利。区块链技术鼓励通过分布式电网进行数据共享和协作，这使买卖双方能够以一种简单、透明的方式进行此类能源交易。

为了更好地利用可再生能源，有必要研究其能源系统的运行是如何随着时间和空间而变化的。例如，对瑞典替代能源的详细调查显示，太阳辐照度与风速在小时和年尺度上都呈负相关。为了优化季节性能源输出的稳定性，课题科研小组建议该系统应采用70％太阳能发电和30％风能发电的混搭模式运行（Couto et al.，2020）。当设计为混搭模式时，应分时段逐个验证太阳能和风能的互补输出。这两种能源的单独使用效率可能比混搭使用效率要小很多。随着微电网比以往任何时候都更受欢迎和普及，对与微电网消费、交易和管理相关的大型数据进行采集成为必然需求。这类需求将可能大大增加，因为有关的数据可助力多种应用场景，譬如在混搭使用能源场景中提高能源的综合使用效率。

4.4.3　优化调度

接下来重点探讨的主题是用电侧与供电侧的优化调度、负荷侧的优化调度、储能侧的优化调度及综合能源侧的优化调度。

1. 用电侧与供电侧的优化调度

对用电侧进行优化调度，应关注如何合理利用电能，以满足用户需求并降低能源消耗、电力峰期用电。对供电侧进行优化调度，则应关注如何合理分配和调度电力资源，以确保供电的可靠性、经济性和低碳性。执行以上优化调度的过程和手段包括电力系统的运行调度、运用电力市场的运行机制等。

用电侧的优化调度包含用户需求、用电行为和用电设备的调度控制，旨在实现供需平衡。常用的方法包括采用灵活电价机制、需求响应和设备调度优化等。供电侧的优化调度则涉及电力系统的运行管理和发电计划，旨在最大限度地提高电厂的效率和可靠性。常用的方法包括电网调度、电源组合优化和新能源接入规划等。

2. 负荷侧的优化调度

对负荷侧进行优化调度，应关注如何合理管理和调度用户的能源需求，以实现能源的高效利用和节约。通过进行合理的负荷侧优化调度，可以降低能源消耗、减少能源浪费，并协助供电侧降低碳排放和提高能源利用效率。

负荷侧的优化调度包含用户负荷的管理和调整，涉及负荷管理、负荷预测和负荷调整等方法。负荷管理通过合理规划和调度用户负荷，解决高峰期的负荷过载问题。负荷预测则利用历史数据和算法模型，准确预测未来负荷变化，为供应侧提供合理的电力调度策略。负荷调整通过可变电价和需求响应机制实现负荷的动态调整。

3. 储能侧的优化调度

对储能侧进行优化调度，应主要关注如何合理管理和调度储能资源，以实现能量的高效存储和释放。其包括储能设备的充放电策略、储能容量的管理等。通过进行合理的储能侧优化调度，可以平衡供需关系，提高电力系统的稳定性和可靠性，并提高可再生能源的利用率及经济性。

储能侧的优化调度包含合理的储能资源的调度和能量管理。采用合理的储能技术可以平衡能源供需之间的差异，提高电网的稳定性和可靠性。具体的优化调度方法包括储能容量规划、充放电策略和储能系统性能优化等。这些方法既考虑了储能设备的长期投资问题，又关注了储能系统的实时运行和调度策略。

4. 综合能源侧的优化调度

对综合能源侧进行优化调度，应关注如何协调和整合不同能源形式的供需关系，以实现各个能源的高效利用和综合优化。这包括多能互补、能源互联等概念。通过进行合理的综合能源侧优化调度，可以实现能源的互补利用，提高能源利用效率，并降低碳排放。

综合能源侧的优化调度包含对电能、热能等多种能源进行整合调度。这需要考虑多种能源的协同调度和系统优化，在能源互补和能量转换的基础上，实现最优的能源调度。常见的方法包括综合能源系统建模与仿真、能源网络调度和能量互联网等。

综合能源碳中和系统控制及其优化调度方法的研究涉及一系列概念和相关的理论基础。这些概念包括用电侧与供电侧的优化调度、负荷侧的优化调度、储能侧的优化调度以及综合能源侧的优化调度。相关理论基础有能源系统建模与优化、智能调度算法等。

上述方法在实现能源的高效利用、碳减排和系统的可持续发展方面发挥着重要作用，将持续为能源领域的进步和可持续发展提供重要支持。

4.4.4 讨论和结论

综合能源系统是指以多种能源资源为输入，在经过转换、储存和传输等环节后，对各种能源进行综合利用的系统。随着能源供需结构的变化和人类保护环境意识的提升，综合能源系统的碳中和及优化控制功效引起了广泛的关注。另外，智慧能源可以通过将物联网、大数据、AI 等新一代信息技术与能源生产、传输、存储、消费等环节深度融合，实现其综合能源的最优化利用。

在当前科技进步的情形下，AI、大数据和深度学习等技术的应用将使智慧能源得到系统性的优化。AI 可以对能源系统进行智能化管理，并提供决策支持；大数据分析和深度学习方法则可以挖掘能源系统中的数据和规律，提高能源利用效率和减少碳排放。

综合能源系统在碳中和系统控制及其优化方面至关重要。应用综合能源系统的优化模型可以构建高效的能源系统。通过对智慧电网进行算法上、时序上的优化调整，综合能源系统能够实现多个输出函数的优化。综合能源系统的优化模型将为碳中和能源领域的可持续发展提供重要支持。

在能源管理方面，可以通过合理的能源管理和优化调度，实现能源的高效利用和供需平衡。研究人员可以通过制定合理的能源管理策略，提高系统的能源利用效率；可以利用粒子群算法等，进行算法优化和策略调度，以实现能源的最优分配和调度。另外，利用能源存储和释放策略、能源供应和需求的调节策略，我们可以实现优化调度。

总之，综合能源系统的优化模型及其优化调度是一个复杂而关键的领域。科研人员正通过仿真实验、能源管理的优化调度和负荷侧平衡优化等方面的研究，助力实现综合能源系统的高效运行和优化利用。

第 5 章　分布式能源系统智能优化方案

5.1　智慧能源及优化调度概述

面对能源危机和环境污染的重大挑战，各国政府积极出台了一系列政策推动能源系统的低碳化、清洁化和可持续化转型。美国、欧盟和日本等发达国家和地区纷纷提出了提高可再生能源发电占比的具体目标，并发布了一系列的扶持和优惠政策。日本计划到 2030 年将海上风电和地热能等多个可再生能源领域的规模增长到 2010 年的 6 倍以上；美国制定了到 2050 年可再生能源发电占比达到 80% 的目标及实现路径政策；欧盟制定了到 2050 年可再生能源比例达到 50% 的目标。

中国正处于经济快速发展的阶段，对于能源的需求越来越大。目前中国的能源供应仍然高度依赖传统化石能源和国外进口。因为国内外越来越关注碳排放的问题，中国的能源使用受到了来自国内外社会经济和用户的多重压力。采取开源节流的战略是中国的重大对策，即一方面节约能源，另一方面开发新型可替代能源。中国在不同阶段相继发布了《中华人民共和国可再生能源法》《"十四五"可再生能源发展规划》等一系列新能源法规和政策推进能源转型与革命。2020 年 9 月，中国在联合国大会上提出了"双碳"目标：二氧化碳排放争取于 2030 年前达到峰值，努力争取 2060 年前实现碳中和。在这种情况下，坚定不移地推动能源革命，是中国应对能源危机、环境污染及兑现"双碳"承诺的重大举措。中国能源革命的主要目标是提高清洁能源在一次能源生产和消费中的比例，建设清洁、高效的新一代电力系统。

与传统集中式发电相比，分布式发电可以因地制宜、充分利用各地丰富的可再生能源，改善现有能源结构，有助于缓解能源匮乏的状况。以风电、光伏为代表的分布式电源，大多具有间歇性和波动性。当大量的可再生分布式电源直接并网时，一些大容量的分布式电源通常是"不可控"或者"不易控"的。这使得电网调度机构难以控制和管理此类分布式电源，继而引发弃风弃光、电能质量下降和运行不稳定等问题。

为了突破目前阶段分布式发电的技术瓶颈，国内外学者和机构进行了大量的研究。现有研究和实践表明，将分布式发电供能系统以微电网的形式接入到电网，与大电网互为支撑，是发挥分布式发电供能系统效能的有效方式。微电网技术的最大优势在于可以将分布式电源整合接入同一个物理网络，利用储能系统和电源电子控制装置进行实时调节，并为分布式电源并网运行提供接口。这可以有效地发挥分布式电源的作用。

当微电网运行于并网模式时，对于大电网而言，它可作为灵活调度的负荷。它控制微电网能量管理系统并根据大电网的需求作出响应，满足电力系统的安全性要求。当微电网运行于孤网模式时，它则通过控制微电网能量管理系统来维持自身稳定运行。微电网技术可以突破由分布式发电不确定性带来的局限性，将其配备在海岛和山区等偏远地区可解决当地供电难题，将其配备在电动车充换电站等设施进行负荷侧管理可降低负荷对于电网的冲击。

在微电网运行阶段对各单元进行合理的优化调度，对于微电网的安全、稳定、经济和环保运行具有重要的意义。微电网优化调度技术在满足电力供需平衡和机组运行条件等复杂约束下，通过可调度机组对系统供需进行调节。如果制定了合理的运行策略，即可达到优化运行的目标。传统的调度方式多以发电侧调度为主，即采取"发电跟踪负荷"的方式来达到优化运行的目标。但是当电力系统中有较高比例的可再生能源时，这种方式具有极大的限制，甚至会陷入"边建边弃"的怪圈（Chu et al.，2012）。新能源汽车等新型柔性负荷和智能家居等系统的大力发展，使电力系统中柔性负荷和智慧管理的算法主动参与到电力系统的调度过程中成为可能。柔性负荷具有灵活性高、价格低和规模潜力大的特点。若能够通过有效的管理使得柔性负荷参与到电力系统的互动模型中，不仅能够有效地消纳可再生能源，而且有助于缓解配电压力。上述管理算法作为数字经济的一部分，具有很大的经济和环保价值。然而，鉴于其在通信网络和信息系统建设上仍存在不足，在现阶段下，微电网更适合作为柔性负荷侧管理的示范。

5.2　智慧分布式能源及架构平台

通常，大多数用电负荷的需求必须能够随时被满足，具有"刚性"的特征。有些负荷可以在约束的范围内调整，通常称此类负荷为柔性负荷。进行如图 5-1 所示的负荷侧和储能侧的管理可以提高电力系统的使用效率（苏家鹏，2022）。

　　柔性负荷根据响应特性可分为可转移负荷、可平移负荷和可削减负荷，可主动参与到电力系统的运行调度中，与电网进行能量互动。例如，电动车充换电站、冰蓄冷中央空调、电解水制氢和工商业的部分负荷都属于可转移负荷，可在保持总用电量不变的情况下，对各时段的用电量进行灵活调节；一些工业大用户的负荷属于可平移负荷，其生产用电曲线可在不同时段进行平移；一些家用空调、照明等设备属于可削减负荷，可根据需要对用电量进行一定削减。基于柔性负荷可参与微电网调度的潜力，我们提出了一种配备在柔性负荷侧的并网型微电网，通过对负荷侧和储能侧进行优化调度管理，以此来达到消纳可再生能源、降低用电成本和减少碳排放的目标。这种柔性负荷管理为建设"零碳"示范区提供了有效的解决方案。基于负荷侧和储能侧管理的并网型微电网结构如图 5-1 所示。

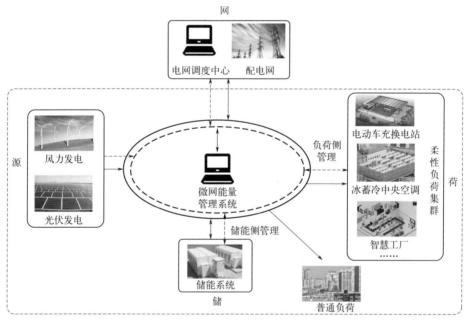

图 5-1　基于负荷侧和储能侧管理的并网型微电网结构

　　在图 5-1 的微电网结构中，供给侧包括可再生能源发电机组（风能发电、光伏发电）和大电网；负荷需求侧由普通负荷和柔性负荷集群组成；电能转化和存储环节由电化学储能系统组成。其中，可再生能源发电机组在最大功率点跟踪模式工作，尽可能地向系统内输出电能，可视为不可控机组。普通负荷受生活、办公及生产等随机因素影响，具有"刚性"负荷的特征，可通过负荷预测技术对需求功率进行预测。柔性负荷侧和储能侧可在满足约束条件的前提下，根据微电网能量管理系统发布的指令进行功率调整和能量调度；电网公共连接点作为与大电网的连接通道，通过与电网的功率交互，可提高微电网内供需稳定的可靠性，辅助电网削峰填谷等。

微电网能量管理系统（Microgrid Energy Management System，MGEMS）作为整个系统的控制中心，可采集微电网中分布式电源、负荷、储能状态和电网电价等信息，进行优化调度决策，并向微电网柔性负荷侧和储能侧发布调度指令。

MGEMS 包含预测层、优化调度层和监控层。对微电网进行能量管理的流程如下。

（1）预测层收集气象信息和负荷需求信息，并通过预测模型进行处理，得到可再生能源出力预测和负荷需求预测的结果，并上传至优化调度层。

（2）优化调度层根据柔性负荷和储能系统的状态，结合预测信息，制定优化调度策略，并用优化算法进行求解得到最优调度计划。优化调度层是微电网能量管理的核心。

（3）监控层对可再生能源、负荷和储能系统的实时状态进行采集，用于实时控制阶段。

基于负荷侧和储能侧管理的微电网能量管理系统如图 5-2 所示。

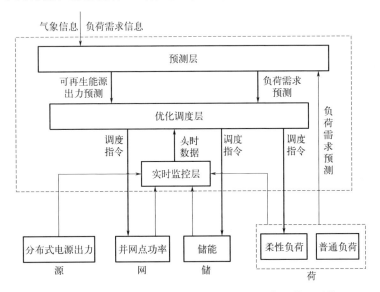

图 5-2　基于负荷侧和储能侧管理的微电网能量管理系统

5.3　调度策略及算法

微电网的优化调度是基于可再生能源出力预测的基础上进行的。预测的准确度和时间尺度有直接关系。分布式可再生能源的精度会随着预测时间尺度的缩小而逐级提高，相应地，不确定性则会逐渐减小。对于风电预测系统，目前短期预测出力功率的误差一般为 25%～40%，超短期预测误差可降低至 10%～20%。对于光伏发电预测系统，目前短期预测出力功率的误差一般为 20%左右，超短期预测误差可降低至 10%。同时，未来电力系统中微电网类型的负荷可能会越来越多，若不对其进行规范，则会对电力系统的经济稳定运行带来巨大的挑战。最新的关于微电网并网运行的规范性文件强调了微电网应具有和电力调度机构进行互动的能力。譬如，能够运行于并网调度模式，提前一天上报发用电计划，并在误差范围内跟踪日前上报至电网调度机构的计划曲线。因此，应该综合考虑不同时间尺度的预测精度，采取合理的调度策略，保证微电网经济环保地运行于并网调度模式。

5.3.1　负荷侧并网时调度

鉴于微电网内风电、光伏和普通负荷的预测精度具有随时间尺度缩小而逐级提高的特点，以及微电网参与并网调度的特点，在充分利用预测系统的短期和超短期预测数据的基础上，本节提出基于负荷侧和储能侧管理的多时间尺度优化调度策略。该策略是基于"多级协调、逐级细化"的思想，将上一级遗留的误差留到下一级进行逐级修正。所述的多时间尺度优化调度策略即是指当下使用的三级联优化调度策略，将微电网的优化调度分为日前、日内和实时三个阶段进行。三级时间的互动描述为日前计划-日内滚动调整-实时执行；负荷侧用电的三步过程可简单归纳为计划-监控调整-执行的过程。并网型微电网多时间尺度调度框架如图 5-3 所示。

在日前优化调度阶段，MGEMS 基于次日的可再生能源、普通负荷的日前短期功率预测值，综合考虑柔性负荷运行需求、市场电力价格和微电源的技术特性，以系统运行经济成本或者用电碳排放量最小为目标，对柔性负荷和并网联络线进行调度安排，制定次日柔性负荷用电及并网点并网计划，并将并网计划提前上报至大电网调度中心。在日内优化调度阶段将以日前优化调度计划为依据对微电网进行管理。日前优化调度的时间尺度由柔性负荷的特性决定。

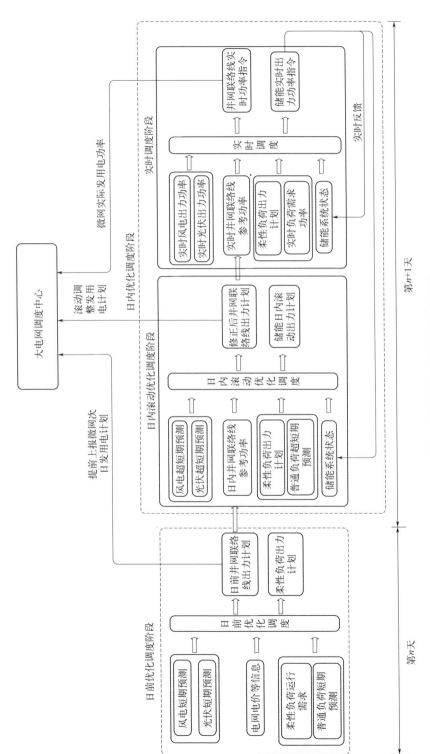

图 5 - 3　并网型微电网多时间尺度调度框架

需要特别注意的是，日前优化调度是以日前短期预测技术为基础进行的，由于目前预测技术的限制，日前短期预测的可再生能源和负荷功率出力和实际出力还有较大的误差，所以在日内优化调度阶段一般都是根据精度较高的超短期的预测数据，利用储能系统跟踪日前并网联络线出力计划的。

在日内优化调度阶段，为应对短期预测误差带来的并网功率波动，同时提升微电网跟踪日前并网联络线出力计划的能力，提出一种由日内滚动优化调度和实时调度组成的双时间尺度协调的日内优化调度策略。在日内滚动优化调度阶段，以 5min 为滚动控制周期，提前获取 1h 内可再生能源和负荷的超短期预测数据，综合预测时域内并网点跟踪偏差和储能系统状态进行滚动优化，并下发调整后的并网联络线出力计划；在实时调度阶段，以 1min 为实时控制周期，根据日内滚动优化调整后的并网联络线出力计划，利用储能实时控制策略进行功率分配，执行调整后的并网联络线出力计划，并将执行后的信息进行实时反馈。通过在不同时间尺度上跟踪并网联络线出力计划，从而提升并网调度。

【案例】 研究发现，电动公交车只有 30% 的时间用于运营载客，70% 的时间都处于站内闲置状态，这意味着大多数时间其内置储能系统也处于站内闲置状态。当电动公交车处于站内闲置状态时，多个电动公交车构成的集群相当于一个大型的储能系统，即移动式储能系统。因此，电动公交车具有作为柔性负荷参与调度的良好属性和潜力。海岛某线路电动公交车运营调度计划如图 5-4 所示。

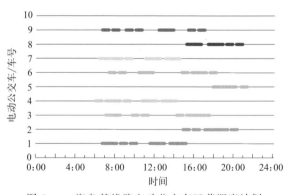

图 5-4 海岛某线路电动公交车运营调度计划

根据电动公交车的运行特性将其运行分为两个阶段：运营载客阶段和微电网调度阶段。在运营载客阶段，电动公交车正常执行日常的运输乘客的任务，此时内置储能系统处于持续放电的状态；在微电网调度阶段，内置储能系统通过充电桩与微电网连接，此时 MGEMS 可发送控制指令，通过充电桩对电动公交车的储能系统进行调度和控制。特别需要注意的是，在对柔性负荷进行调度的时候，需要考虑用户负荷的实际需求，保证用户良好的用电满意度。因此，在微电网调度阶段对电动公交车进行调度时，需要考虑下一次载客运营阶段对于电池剩余电量（State of Charge）的要求，即必须保证电动公交车在出站时的电量能够满足其下次运营载客的电量要求。电动公交车两阶段工作方式示意图如图 5-5 所示。

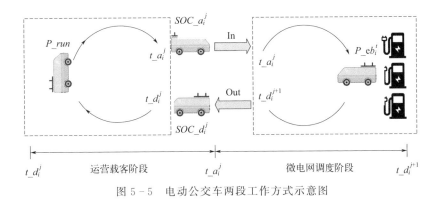

图 5-5 电动公交车两段工作方式示意图

电动公交车在接入微电网时具有双重角色，充电时可视为负载；在具有足够多余电量时，可以作为移动式储能系统参与微电网调度，具备良好的柔性负荷特性。基于电动公交车两阶段工作模型，我们提出了一种如图 5-6 所示的基于电动公交车负荷侧管理的日前优化调度策略，用以提升微电网的经

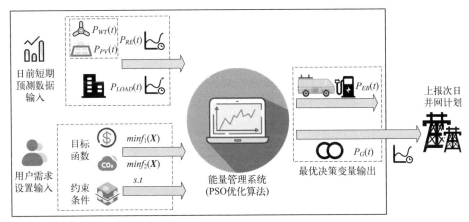

图 5-6 基于电动公交车负荷侧管理的日前能量的优化调度策略

济性和环保性。在微电网日前优化调度阶段，该策略基于负荷、可再生能源和电力价格的日前短期预测数据，以运行经济性或环保性为目标，通过优化次日的电动公交车充放电计划和并网计划，使得经济性和环保性指标达到最优，并将并网计划提前上传至大电网调度中心。

案例场景输入数据如下。

以某城市为例，我们收集了购售电价的数据（见表 5-1），这些数据为优化和调度规划提供了条件。通过对该市线路进行调度规划，我们得到了电动公交车 1～6 的优化运营计划（见图 5-7）。

表 5-1　某城市购售电价的数据

时段	时段划分	购电价格 /[元/(kW·h)]	售电价格 /[元/(kW·h)]
峰时段	11：00—15：59、19：00—21：59	0.83	0.65
平时段	00：00—10：59、16：00—18：59、 22：00—23：59	0.50	0.39

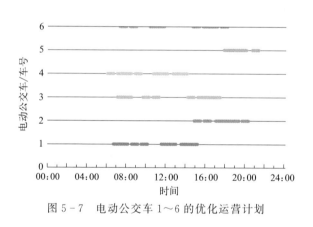

图 5-7　电动公交车 1～6 的优化运营计划

同时，图 5-8 展示了典型的日前短期预测输入数据以及总负荷功率的数据。

在本策略中，日前短期预测数据时间尺度为 1h，根据电动公交车自身运营计划的特点，设置电动公交车的调度周期为 15min。在日前优化调度阶段，假设在调度周期内可再生能源出力功率、负荷功率、并网点功率和电动公交车出力功率及电价均维持恒定，更小时间尺度的波动将在下一章日内优化调度部分进行讨论。

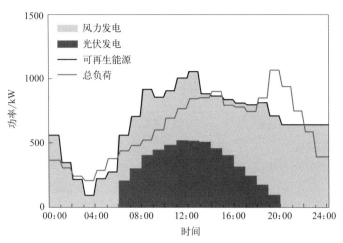

图 5 - 8　典型的日前短期预测输入数据以及总负荷功率的数据

5.3.2　仿真结果及分析

为了验证前文提及的基于电动公交车负荷侧的日前优化调度策略对于微电网性能的提升，在此设置了 4 种工况即策略作对比，以进行有效性验证。在工况 1 情况下，基本负荷和电动公交车直接并网运行，由大电网直接向基本负荷和电动公交车供电，电动公交车根据司机的习惯和需求决定充电时间，也是目前生活中常见的运行方式；在工况 2 下，在负荷侧合理配置可再生能源发电机组，由可再生能源发电机组和大电网共同向基本负荷及电动公交车供电，但是此时电动公交车负荷侧仍然采取无序充电的方式，并未对负荷需求侧资源进行有效利用；在工况 3 下，在负荷侧合理配置可再生能源发电机组的基础上，考虑对电动公交车的充电功率和时间进行优化控制，但是此时只是将其视为可调节负荷，充电桩只具备单向充电的功能；在工况 4 下，电动公交车配备双向充电交换机，此时电动公交车兼具充电和放电的功能，MGEMS 将其视为移动式储能系统对允放电功率和时间进行优化控制，以合理开发其作为储能系统的潜力。4 种工况总结如下。

工况 1：基本负荷＋电动公交车无序充电。

工况 2：风光互补微电网（电动公交车采取无序充电方式）。

工况 3：风光互补微电网（电动公交车采取优化充电方式）。

工况 4：风光互补微电网（电动公交车采取优化充放电方式）。

多种工况的并网点功率图如图 5 - 9 所示。以运行经济成本达到最低为优

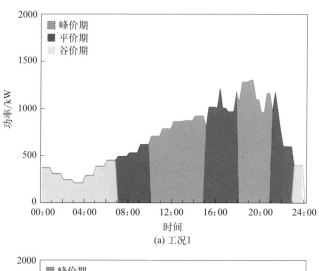

(a) 工况1

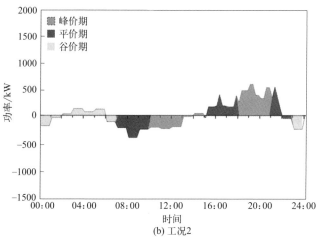

(b) 工况2

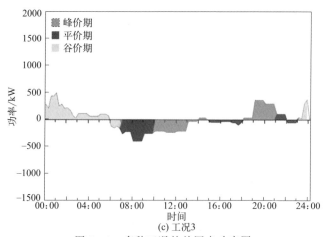

(c) 工况3

图 5-9 多种工况的并网点功率图

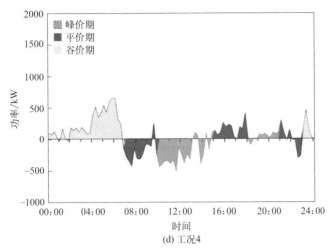

(d) 工况 4

图 5 - 9　多种工况的并网点功率图（续）

化目标，在约束条件的限制下，利用粒子群算法求解各电动公交车交换功率，分别在 4 种工况下进行仿真运行，可得到不同工况的微电网系统的运行经济成本，如表 5 - 2 所示。从表中可以看到工况 4 通过 MGEMS 对电动公交车的充放电进行优化管理后微电网的整体净负荷。工况 4 在峰期增加负荷量，在谷期减少负荷量并向外输出电能，因此可实现削峰填谷的功效。其运行经济成本较之工况 2 无优化调度策略的运行经济成本降低了 57.1%，相较于工况 3 的运行经济成本也有显著降低。综上所述，以运行经济成本最低为优化目标，通过 MGEMS 对电动公交车负荷侧进行有效管理，可有效降低微电网和用户的用电成本，同时可辅助大电网进行削峰填谷，与大电网互为支撑，提供备用容量。

表 5 - 2　运行经济成本最小目标下不同工况的运行结果

工况	运行经济成本/元	峰/平/谷期负荷/(kW·h)
工况 1	9685	7458/6102/2608
工况 2	2084	619/−54/−290
工况 3	1416	31/−968/1158
工况 4	893	−1315/−126/1996

注：表中负荷的数值，正数为通常消耗或输入；负数为余额电量或输出

以上案例说明，智慧分布式能源系统的优化调度涉及处理碎片式储能、微电网能源储能调度和风光互补，以及提升微电网经济性和并网调度能力等

方面的研究。通过对这些问题的深入研究和探索,可以实现智慧分布式能源系统的高效、可靠和可持续发展。总之,智慧分布式能源系统的优化调度是一个复杂而重要的领域。

5.3.3   总结

智慧分布式能源系统是一种将可再生能源、储能技术和智慧电网技术相结合的能源系统,它在"双碳"领域发挥的作用包括提高能源利用效率、降低能源消耗和减少环境污染。在智慧分布式能源系统的研究中,能源的优化调度是关键的研究方向之一。智慧分布式能源系统优化调度的研究成果包括了用电仿真、能源管理及优化调度和负荷侧管理。

通过合理的能源管理和优化调度,可以实现能源的高效利用和供需的平衡。在能源管理方面,研究人员可以通过制定合理的能源管理策略,如能源存储和释放策略、能源供应和需求的调节策略等,来提高系统的能源利用效率。在优化调度方面,研究人员可以利用优化算法和调度策略,如粒子群算法等,实现能源的最优分配和调度。

通过合理的管理,可以实现用户负荷的平衡和优化,减少能源浪费,降低碳排放。通过制定合理的负荷侧管理策略,可实现用户负荷的智能化管理和优化。新型电力系统具有可再生能源占比高、骨干电源与分布式电源相结合、主干电网与微电网和局部电网相结合的特征。

总之,智慧分布式能源系统的优化调度是一个复杂而关键的研究领域。通过对用电仿真、能源管理及优化调度和负荷侧管理等方面进行研究,可以实现智慧分布式能源系统的高效运行和优化利用。

第6章　可再生能源系统探讨

随着人类经济活动的发展和能源消耗的增加，大量的碳排放产生，导致了温室气体浓度上升，进而引发了全球变暖和气候变化的问题。为了减缓气候变化，碳中和变得至关重要，而可再生能源技术是实现碳中和的关键。太阳能、风能、水能和生物质能等可再生能源具有取之不尽、清洁和可持续的特点，对环境的影响较小。通过推广和应用这些可再生能源，可以减少对传统能源的依赖，降低温室气体的排放，推动碳中和目标的实现。

6.1　可再生能源技术

6.1.1　概述

可再生能源技术是指将自然界中可持续、消耗后可得到恢复补充的自然能源资源转变为可利用的能源形式（通常是电能）的技术。可再生能源主要包括太阳能、风能、水能、地热能等，这些能源不会像化石燃料一样耗尽。可再生能源技术的发展和应用对于实现清洁能源、减少温室气体排放和应对气候变化具有重要意义。

6.1.2　作用

可再生能源技术的作用主要体现在以下几个方面。

（1）能源替代。可再生能源可以替代传统的化石燃料，减少对有限能源资源的依赖，改善能源结构。

（2）温室气体减排。可再生能源的利用几乎不产生温室气体和污染物，有助于减少温室气体排放，应对气候变化。

（3）提高能源可靠性。可再生能源具有多样化和分布广泛的特点，可以提高能源供应的可靠性和安全性。

（4）促进经济发展。可再生能源的开发和利用可促进经济增长，创造就业机会，提升产业竞争力。

6.1.3　应用

可再生能源技术在多个领域都有广泛的应用。

（1）发电。可再生能源技术已经成为电力产业的重要组成部分，包括太阳能发电、风力发电、水力发电等。

（2）供热和供冷。可再生能源技术可以用于供热和供冷，如地源热泵、太阳能热水器等。

（3）交通运输。可再生能源技术在交通运输领域的应用包括电动汽车、氢能源汽车等。对此，我们将在 6.5.4 节进行详细讨论。

6.1.4　讨论

可再生能源技术是碳中和及绿色工业革命的基础，其发展和应用对于实现可持续发展和应对气候变化具有重要意义。随着技术的进步和成本的降低，可再生能源将在未来的能源体系中发挥更加重要的作用。

随着可再生能源技术及碳中和技术在日常生活中的广泛应用，气候变化的趋势将会减缓或趋于平稳。中国作为绿色发展领域的强国可以在绿色能源革命及碳经济相关的绿色经济、智慧能源、可持续性发展等领域为世界作出重大的贡献。在当前全球气候变化和环境污染问题日益突出的背景下，可再生能源技术已成为推动可持续发展的重要力量。

可再生能源技术的发展促进了技术创新。为了更有效地利用太阳能、风能等可再生能源，人们正不断研发和改进相关的技术和设备。

可再生能源技术的不断创新，使得可再生能源的利用效率不断提高，并且可再生能源的应用范围也在不断扩大。除了传统的发电、供暖等领域，可再生能源还可以应用于交通、建筑等领域。例如，电动汽车的普及，使得可再生能源在交通领域的应用得到了大力推广。同时，太阳能热水器、太阳能光伏板等可再生能源产品的广泛应用，为建筑节能提供了更多的选择。

图 6-1 是多种清洁能源及绿色能源的综合示意图。图 6-1 展示了一些清洁能源技术，包括太阳能、风能、地热能、生物质能、海洋能及氢能等的利用。除了单一的清洁能源技术，图 6-1 还展示了综合绿色能源系统。综合绿色能源系统是指将多种清洁能源和能源存储技术相结合，形成相互补充和协

同工作的系统。此外，图 6-1 通过将不同的清洁能源技术融合在一起，展示
了多种可再生能源的互补性和潜力。这种综合绿色能源系统的发展对于实现
可持续发展和减少对传统能源的依赖具有重要意义。

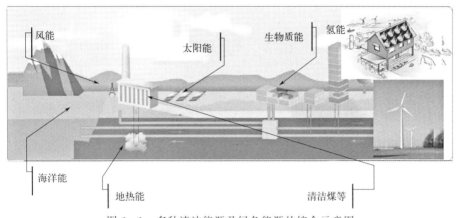

图 6-1　多种清洁能源及绿色能源的综合示意图

可再生能源来源广泛且可持续。太阳能、风能、水能、生物质能等都是
不会枯竭的自然资源，其可再生性使其与化石能源相比具有重要优势。另外，
可再生能源的使用不会产生二氧化碳等温室气体和其他污染物，能够有效降
低大气污染，减缓温室效应，提高空气质量，保护生态环境。

可再生能源具有重要的经济效益。随着技术的进步和成本的降低，可再
生能源的价格具有较强的竞争力，与传统能源相比具有较高的经济性。发展
可再生能源产业不仅可以创造就业机会，也能推动经济增长和产业升级。此
外，可再生能源的使用还能减少对能源进口的依赖，提高能源安全。

通常，可再生能源单独使用时具有显著的局限性，譬如，风能、太阳能
等具有不稳定性。因此，混搭式发电是合理使用和优化可再生能源的方式。
混搭式发电是指将多个能源进行"互补性"应用。通常，风力发电和光伏发
电可按照特定比例进行互补应用，这被称为风光互补的混搭式能源。风光互
补能够提供不间断的电力，同时可以通过技术手段储存电能，以便不时之需。
风光互补也可以实现全年电能生成量的平均分配，提高能源产出的稳定性和
可靠性。在风电和光伏产业日益发展的情况下，风光互补成为混搭式能源的
重要表现形式之一。

总之，为了实现碳中和与绿色工业革命，应使用可再生能源助力人类实
现向绿色、低碳、环保转型。它可以帮助人类减少对化石燃料的依赖，降低

温室气体排放，推动工业技术的创新和进步。可再生能源供应源源不断，其中有些已平价上网，有着经济效益好、可促进技术创新及具备全球经济竞争力等优势。在新时代的背景下，积极发展和利用可再生能源将是关键，它将为人类创造更加清洁、可持续、繁荣的未来。

6.2 光伏发电

6.2.1 光伏系统概述

1. 光伏系统简介

光伏发电系统，简称光伏系统，它是一种通过光伏效应（Photovoltaic Effect）利用太阳能发电的技术系统。它能将太阳能转化为电能。

光伏系统的应用范围非常广泛。在家庭中，屋顶光伏系统可以为住户提供电力，减少对传统电网的依赖，并降低电费。在商业和工业领域，大规模的光伏电站可以为企业提供稳定的电力供应，同时减少碳排放。在偏远地区或电力基础设施不完善的地方，光伏系统可以作为独立的电力来源，解决电力短缺问题。

2. 光伏系统的构成

光伏系统由太阳能电池板、逆变器、电池、光伏支架和电网等部件组成。太阳能电池板是光伏系统的核心部件，它由多个太阳能电池组成，能够将太阳光中的光能转化为电能。逆变器的主要作用是将来自太阳能电池板的直流电转换为家庭或电网所需要的交流电。电池用于储存过剩的电能，以便在夜间或天气不好时供电使用。光伏系统可以采取地面安装、屋顶安装，也可以采取壁挂式或浮动式安装。光伏支架通常被用来安装太阳能电池板，帮助它们充分吸收太阳能。支架可以是固定的或者装有太阳能跟踪系统，详见6.2.3节。

3. 光伏发电的优点和挑战

光伏发电具有许多优点，如可再生、清洁、无噪声、无排放等。然而，它也面临着一些挑战，如太阳能资源的不稳定性、成本高、能量密度低等。为了克服这些挑战，科学家和工程师正在不断研究和改进光伏发电技术，以提高光伏发电的效率和可靠性，推动其广泛应用。

4. 光伏系统的作用及发展历史

光伏系统有助于缓解气候变化，因为它在产品生命期（含发电过程和生产过程）中所排放的二氧化碳要比化石燃料少得多。因此，光伏能源具有特定的优势。光伏系统在电力需求方面有良好的可扩展性，所需原料，如硅，在地壳中储量丰富，具有很好的可用性；不过其他原料，如银，可能会限制光伏系统制造的进步。但是，制约光伏系统市场发展的不仅仅是这些原料。主要制约因素之一是光伏发电在土地使用及需求方面引发的竞争（IRENA，2023）。使用光伏发电作为主要能源需要建立储能系统或通过高压直流电力线进行总体的配电，这样会产生额外的成本，并且光伏系统还具有许多其他缺点，例如必须平衡可变发电量，生产和安装确实造成了一些污染和温室气体排放，但这远比化石燃料造成的排放量要少。

光伏系统长期以来一直作为独立装置应用于专业领域；自 20 世纪 90 年代起，并网光伏系统便开始投入使用（IRENA，2023；中国可再生能源学会，2023）。光伏组件于 2000 年首次实现大规模生产，当时德国政府资助了"十万屋顶"计划来推动屋顶光伏的应用（国网能源研究院有限公司，2020）。光伏产业的全球增长在一定程度上归功于中国政府。自 2000 年以来，中国政府通过大规模投资，推动了太阳能光伏产能的发展，并实现了规模经济。制造技术的进步和效率的提高导致成本的降低，成本的降低使光伏能源得以快速发展（Jin et al.，2015；中国可再生能源学会，2023）。净计量电价和财政激励措施，例如针对光伏发电的优惠上网电价政策，支持了许多国家的光伏装置建设（Li et al.，2020）。光伏面板价格从 2004 年到 2011 年下降了 75％。光伏组件价格从 2010 年到 2019 年下降了约 90％。

2019 年，全球光伏装机容量增长到 635GW 以上，约占全球电力需求的 2％（IRENA，2023）。就全球装机容量而言，光伏是继水电和风电之后的第三大可再生能源。在某些太阳能资源丰富的地区，光伏发电已成为成本最为低廉的电力来源，如 2020 年卡塔尔光伏的电价低至 0.01567 美元/（kW·h）（岑彬，2022）。2020 年，国际能源署在其《2020 年世界能源展望》中指出，得益于高质量资源、低成本融资项目以及关键产业链的支撑，光伏已成为有史以来最便宜的电力来源（国家能源局，2022）。

太阳是地球的主要能量来源，它辐射到地球的能量巨大，功率约为 170000TW。它为几乎所有在地球表面发生的生物或其他种类的自然过程提供能量。它半小时的光辐射能即可满足人类一年的能源需求。并且，在可见的历史时期内太阳能不会枯竭,获取几乎没有成本。

目前有两种技术可以直接将太阳发出的光辐射能转换为可直接使用的能量,这就是光伏发电技术与太阳热能技术。

光伏系统可直接将光能转化为电能。在光伏系统中,硅电池吸收了包括紫外线在内的太阳光,太阳光会激发半导体硅材料中的电子并产生电流。光伏效应是光伏系统的核心所在。

虽然光伏效应常常被认为是 20 世纪空间探索时代的一项重要发现和成果,但该效应其实早在 1839 年就被法国物理学家亚历山大·贝克勒尔(Alexandre Becquerel)发现了。大约 40 年之后,英国工程师威洛比·史密斯(Willoughby Smith)发现用光照射硒棒会使其电导率增加。这两项发现为 1883 年首个硒太阳能电池的成功开发铺平了道路(国家能源局,2021)。

1954 年硅太阳能电池出现,不过当时其成本很高,并不实用,但它的出现恰好遇到了一个千载难逢的历史机遇。当时正处于冷战时期,太空竞赛十分激烈,太阳能电池的出现引起了航天领域科学家们的关注。这是由于当时宇宙空间技术快速发展,卫星和宇宙飞船上的电子仪器和设备需要足够的、持续不断的电能供应,而且要求电源质量轻、寿命长、使用方便,能承受各种冲击、振动的影响,而太阳能电池完全满足这些要求。

20 世纪 50 年代的一系列发现,直接推动了 1958 年发射的人造卫星先锋 1 号使用了太阳能电池作为机载电源,该太阳能电池连续工作了 8 年。一些后续发射的人造卫星也使用了机载太阳能发电系统,其中有美国发射的探索者 3 号、先锋 2 号,苏联发射的斯普特尼克 3 号。

日本夏普(Sharp)公司(其生产的电子产品被人熟知,但太阳能系统却鲜为人知)在 1963 年利用硅太阳能电池开发了首个实用型光伏模组,该项发明为现代光伏产业拉开了序幕。在 20 世纪 70 年代与 80 年代,一些大型太阳能公司开始在美国和日本崭露头角,ARCO Solar 公司是美国首个生产光伏模组的公司,其最高装机容量达到每年 1MW。

德国在 21 世纪初为光伏产业发展作出了巨大贡献。德国的努力不仅使得整个产业为之诧异,并且真正拉开了现代光伏产业新时代的帷幕。尽管北欧的晴天并不常见,但德国还是在 2002—2003 年期间建立了一些大型太阳能发电站。

光伏发电对于中国实现碳中和的愿景至关重要。在实现碳中和的进程中,光伏发电对总电量的贡献将十分显著。按官方预测，光伏发电在总电能碳中和市场上的占比将达到 47%。

图 6-2 展示了多种太阳能技术。其中，光伏发电是本书的重点讨论对象。光热发电是一种将太阳能转换为热能，再将热能转换为电能的发电方式。而光化学领域的典型案例包括众所周知的光合作用。在光合作用中，植物利用太阳能将二氧化碳和水转化为有机物质和氧气，这是地球上所有生物生存的基础。光化学在许多领域特别是大自然植物的生理过程中发挥着重要作用。

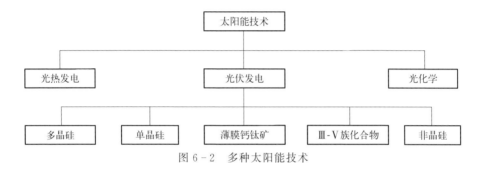

图 6-2 多种太阳能技术

图 6-2 的底层展示了现在主流的光伏发电材料。其他的光伏发电材料还有 GaAlAs、InP、CdS、CdTe，以及 CIGS（Copper Indium Gallium Diselenide）等，因其并非主流，本书便不再展开讨论。

6.2.2 光伏发电的物理原理

太阳能发电是将太阳能转化为电能的一种可再生能源发电方式。其主要基于光伏效应和光热转换两种原理。

光伏效应是指当光线照射到材料上时，光子能量被材料吸收，使其电子被激发的效应。当发生光伏效应时，电子从价带跃迁到导带，形成电子-空穴对，这些对在材料内部电场作用下会分离为单独的电子和空穴，进而形成电流。常用于光伏效应的材料有多种半导体，这些材料对于太阳能发电具有重要意义，因为传入的光能使带负电荷的电子被激发到高能状态，同时形成带正电荷的空穴，只有当电子和空穴能够在足够长的时间内避免重新组合，并成功到达电极上方和下方时，电流才能持续产生。

太阳能电池是利用光伏效应将太阳能转化为电能的装置。太阳能电池由多个薄片组成，每个薄片都由两层半导体材料构成，一层为 P 型半导体，另一层为 N 型半导体。当太阳光照射到太阳能电池上时，光子能量被吸收，激发出电子-空穴对，由于 P 型半导体和 N 型半导体之间形成了电场，电子会被推向 N 型半导体，而空穴则会被推向 P 型半导体，P 区与 N 区之间就产生了电动势，进而可以形成电流，从而产生电能。这就是光伏效应的初步理论基础。光伏发电的原理示意图如图 6-3 所示。

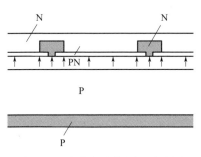

图 6-3　光伏发电的原理示意图

对于太阳能电池，其能量转换效率为

$$\eta = (P_{out}/P_{in}) \times 100\%$$
$$= (V_{op} \cdot I_{op})/(P_{in} \cdot S) \times 100\% \qquad (6-1)$$

式中　　V_{op}——电池的开路电压；

I_{op}——开路电流，有时会应用闭路电流和填充因子来进行计算；

P_{in}——入射的太阳光功率；

P_{out}——太阳能电池的输出功率；

S——太阳能电池的面积，当 S 是指整个太阳能电池面积时，η 称为实际转换效率；当 S 是指电池中的有效发电面积时，η 称为本征转换效率。

6.2.3　常见的光伏发电技术

典型的光伏电站——屋顶光伏的照片如图 6-4 所示，光伏电站部分组件如图 6-5 所示。

1. 太阳能跟踪系统

光伏发电的效率往往受到太阳光照强度和角度的限制。为了应对这一挑战，太阳能跟踪系统应运而生。单轴太阳能跟踪系统是最常见的一种系统类型，它通过一个轴将太阳能电池板与地面固定框架连接。该轴允许电池板沿

图 6-4　典型的光伏电站——屋顶光伏的照片

储能　　　　　　　太阳能电池板

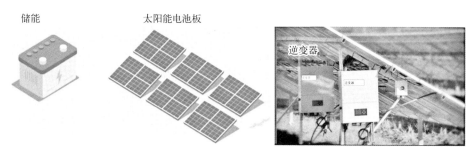

逆变器

图 6-5　光伏电站部分组件

着东西方向（水平方向）旋转，以便随着太阳在天空中移动而调整角度。这种系统在水平方向上的调整可以帮助太阳能电池板最大化捕捉太阳光，并优化太阳能的转换效率。

与之相比，双轴太阳能跟踪系统更为复杂，它包括两条轴，允许太阳能电池板在水平和垂直方向上旋转。垂直轴负责调整太阳能电池板的倾斜角度，以使其始终面向太阳，而水平轴则负责跟踪太阳在天空中的运动。这种系统能够实现更精确的跟踪，最大限度地提高太阳能转换效率。

以单轴太阳能跟踪系统为例，太阳能跟踪支架只需采用一套驱动装置和控制器就可以使整个阵列实现自动追踪。独特的联动式结构及免维护的回转轴承，使其具备可靠的系统稳定性、低故障率和低维护成本等特点。与传统固定安装支架相比，它可将全年发电量提高约 20%，是大型电站建设的理想选择。其具体特点总结如下。

（1）自动跟踪太阳光而无须人工干预，有良好的环境适应性，不受阴雨天干扰，可提供大范围的跟踪角度。

（2）与固定安装支架系统相比，可将发电量提高20％以上。

（3）在低纬度地区，单轴太阳能跟踪系统还会提高系统的发电效率。

单轴和双轴太阳能跟踪系统的优势如下。①它们都提供了更高的发电量。通过动态调整电池板的角度，这些系统可以在全天候更大范围内吸收太阳能，大幅增加能源收集效率。②太阳能跟踪系统也可以提高系统的稳定性和可靠性。通过按照太阳的位置调整电池板的角度，可以减轻不同天气条件（例如云层遮挡）对太阳能发电效率的影响。③太阳能跟踪系统还可以延长太阳能电池板的使用寿命，它可减少太阳能电池板在高温和强光条件下的暴露时间。这两种太阳能跟踪系统已广泛应用于各种太阳能发电项目中。从大型商业和工业领域到小型住宅安装应用，单轴和双轴太阳能跟踪系统都能为太阳能电站提供显著的优势。

不过，单轴和双轴太阳能跟踪系统也有一定局限性。它们在跟踪过程中会消耗一定的能量，并可能会减少部分能源收益或者增加一些成本和维护。在实际应用中，需要权衡使用太阳能跟踪系统所带来的收益与增加的成本。

总之，单轴和双轴太阳能跟踪系统是提高太阳能发电效率和能量产出量的重要技术。它们在各种太阳能发电项目中发挥着重要作用，并有助于推动可再生能源的发展。

2. 常见的太阳能电池技术

太阳能发电是一种可再生能源。太阳能电池技术种类繁多，它们各有其不同的转换效率及优势。自硅电池出现以来，科学家们经过大量的基本理论研究和实验工作，成功把单晶硅电池的转换效率从6％提高到25％左右。并且在过去的十多年中，硅电池的转换效率一直在稳步提高。在100个太阳聚光度下，聚光硅电池的转换效率已达到27.5％，这使硅电池在空间应用与地面应用上仍然占据着重要地位。此外，薄膜太阳能电池发展也很快。

（1）太阳能电池技术分类。

太阳能电池被广泛应用于各种领域，如家庭、商业、工业、国防，甚至航天航空领域。市场上目前被广泛应用的太阳能电池技术包括不同类型的硅电池、非晶硅电池、砷化镓电池和钙钛矿电池等。下面针对上述太阳能电池技术进行分析讨论。

1）单晶硅电池。单晶硅电池是目前应用最广泛的太阳能电池技术之一。

其制造工艺相对成熟，具有较高转换效率和较长使用寿命。单晶硅电池的主要特点是晶体结构完整，其电子迁移速度快，具有较高的转换效率。然而，单晶硅电池的制造成本较高，且对原材料的纯度要求较高，因此价格相对较高。

2）多晶硅电池。多晶硅电池是太阳能电池技术中的另一种常见类型。与单晶硅电池相比，多晶硅电池的制造工艺更简单，成本更低。然而，多晶硅电池的晶体结构不完整，其电子迁移速度较慢，因此转换效率相对较低。尽管如此，多晶硅电池仍然是太阳能发电市场上的主要选择之一，其价格相对较低，适宜大规模应用。

3）非晶硅电池。非晶硅电池是一种相对较新的太阳能电池技术。与单晶硅和多晶硅电池相比，非晶硅电池的制造工艺更简单，成本更低。非晶硅电池的显著特点在于其具备较高的转换效率以及更长的使用寿命。然而，非晶硅电池的稳定性较差，容易受到光照强度和温度的影响。它在实际应用中需要进行更多的优化和改进。

4）砷化镓电池。砷化镓电池是一种高效率的太阳能电池技术。砷化镓电池的显著特点是其具有高转换效率和长久稳定的使用寿命。砷化镓电池的制造工艺相对复杂，成本较高，因此主要应用于高端市场和特定领域。砷化镓电池的发展潜力巨大，但仍需要进一步降低成本和提高稳定性。

5）钙钛矿电池。钙钛矿电池是一种新兴的太阳能电池技术。钙钛矿电池的主要特点是具有较高的转换效率和较低的制造成本。钙钛矿电池光伏材料的制造工艺相对简单，可以采用印刷、喷涂等低成本的制造方法。目前钙钛矿电池的稳定性较差，它容易受到湿度和温度等环境因素的影响。作为新兴的太阳能电池，它有希望突破上述技术的转换效率并发挥重要作用。

（2）太阳能电池技术特性总结。

通过对目前使用的太阳能电池技术进行调研和分析，可以得出以下结论。

1）单晶硅电池具有较高转换效率和较长使用寿命，通常制造成本较高。

2）多晶硅电池具有较低的制造成本，适宜大规模应用，但转换效率相对较低。

3）非晶硅电池具有较高的转换效率和较长的使用寿命，但稳定性较差，需要进一步改进和优化。

4）砷化镓电池具有较高的转换效率和较长的使用寿命，但制造成本较高，主要应用于高端市场和特定领域。

5）钙钛矿电池具有较高的转换效率和较低的制造成本，但稳定性较差。未来若要大规模推广使用，必须快速改进和优化该技术，提高使用寿命和稳定性。

6.2.4　钙钛矿电池技术发展简述

1. 钙钛矿电池是新兴的太阳能电池技术

为了通俗易懂，本节参考了业界专家的智慧讨论及许多相关案例。钙钛矿电池是利用有机物与无机物混合的钙钛矿物质打造的一类太阳能电池。其工作原理为此类钙钛矿物质在光的照射下会产生电子与空穴，之后电子输送层及空穴输送层分别将这些电子与空穴输送至电极，最终转换为直流电。钙钛矿物质突出的特性包括出色的光吸收效率、载流子的长距离扩散能力以及优秀的电荷传输表现。正因如此，钙钛矿电池可达到较高的转换效率。钙钛矿电池作为新兴的太阳能技术目前正处于快速发展阶段并正在迅速拓展市场应用。

随着技术的不断进步和成本的不断降低，各种太阳能电池产品的应用范围正在进一步扩大。其中，太阳能光伏市场目前主要采用的技术包括单晶硅电池、多晶硅电池、非晶硅电池、砷化镓电池。这些技术将持续相互竞争并不断发展，提升太阳能光伏的经济效益。未来，太阳能电池技术有望实现更高的转换效率、更低的制造成本和更好的稳定性，这将进一步推动太阳能发电的普及和应用。

几十年来，晶体硅板一直占据着太阳能光伏市场的主要份额，剩下的市场份额则由薄膜材料所占据。譬如，CIGS 和 CdTe 薄膜光伏占据了不到 5% 的市场份额；然而这些薄膜材料很难像传统的太阳能电池那样高效或低廉。钙钛矿电池呈现出了与上述薄膜材料不同的发展态势。

与传统或主流的太阳能电池对比，至少在实验室里，钙钛矿电池可以做到成本更低，并且它把太阳光转化为电能的效率也十分可观。正因如此，研究人员一直在努力将钙钛矿电池推广至大规模应用。例如，在洛桑的瑞士联邦理工学院，由迈克尔·格雷策尔（Michael Grätzel）领导的一个团队在 ABX_3 结构中开发出了三四种不同的"A"型阳离子结构。该组合可避免在使

用单个阳离子时由温度和湿度驱动的结构稳定性变化。大多数太阳能电池在
转换效率上都会出现一定程度的波动。如果钙钛矿的结构稳定性能得到改善，
寿命能变长，那么它会拥有大得多的市场份额。以下是有关钙钛矿电池市场
化的一些讨论。

2. 钙钛矿电池的市场优势

钙钛矿是一类具有某种特定晶体结构的化合物，其光伏应用的发展速度
惊人。图 6-6 展示了具有 ABX_3 结构的钙钛矿晶体。作为低成本的薄膜，它
们形成了新型太阳能电池的光吸收中心。钙钛矿电池可能成为硅电池的替代
品，可以使太阳能发电成本更低，供广泛使用。对于这一新兴太阳能电池技
术来说，最大的挑战是如何成功地商业化并占有部分市场份额。

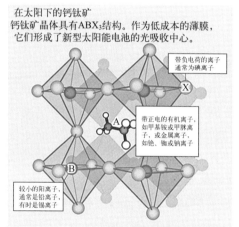

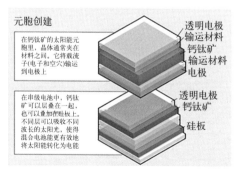

图 6-6　钙钛矿电池技术说明及案例示范

（图片来源：湖北万度光能公司）

对于那些希望其产品的成本能显著低于硅电池的钙钛矿电池公司来说，
硅太阳能电池本就十分低廉的价格是个挑战。而且其价格还在下降。彭博新

能源（BloombergNEF）驻瑞士苏黎世的太阳能分析主管珍妮·蔡斯（Jenny Chase）表示："尽管我认为太阳能行业比以往任何时候都更令人兴奋，但它已不需要技术突破。"她指出，目前的太阳能光伏已经是许多国家最便宜的电力来源之一。

硅电池技术已经足够好，而且其在太阳能光伏市场的占有份额很难被撼动。相比之下，钙钛矿电池的价格最终可能只会稍微便宜一点点，所以蔡斯认为它并不值得我们期待。

英国牛津光伏（Oxford PV）公司的凯斯博士不同意上述观点，他认为牛津光伏的串联钙钛矿电池模块叠层尽管成本高于硅电池，但具有更高的转换效率；并且他们将在几年内把太阳能发电的成本降低 20%左右（误差±3%）。这一前景引起了一些大公司的兴趣。2019 年 3 月，牛津光伏从中国风电巨头金风科技（Goldwind）等公司处获得了 3100 万英镑（合 2 亿 8000 万元人民币）的投资。

钙钛矿电池的优势如下。

它具有较高转换效率。钙钛矿电池的转换效率在近年来得到了快速提升，目前已经可以达到 26.2%以上，与传统的硅电池相当。钙钛矿电池的理论最高转换效率可达 33.7%，多结叠层理论效率超过 43%，远高于晶硅的 29.4%。截至 2024 年 7 月，中国科学技术大学的徐集贤教授团队实现了 26.7%的转换效率，是获认证的单结钙钛矿电池转换效率的世界纪录。高转换效率意味着在相同的表面积下，钙钛矿电池可以产生更多的电力，能有效增加发电量并降低成本。

钙钛矿材料可以制备成柔性薄膜光伏组件。它具有柔性制备的特性，因此钙钛矿电池可以应用于柔性电子设备、可穿戴设备等领域。并且很重要的一点是，它具有丰富的材料来源。

钙钛矿电池是低成本产品。钙钛矿电池的产业链相较于晶硅产业链已大幅简化，生产钙钛矿组件的单瓦能耗只有晶硅组件的 1/10，单位产能投资额为硅电池的一半。钙钛矿组件单瓦总成本为 0.5 元到 0.6 元，是晶硅组件极限成本的 50%。并且钙钛矿电池的核心原材料丰富易得，供应不受限，相较晶硅原材料售价低廉。这些因素都使得钙钛矿电池的成本相对较低。

钙钛矿电池制造工艺简单且能耗低。它可由试验湿法即溶液法制备，工艺温度低，约为 100℃。相比之下，硅电池制备过程所需的最高工艺温度超过了 600℃。较低的工艺温度不仅降低了生产过程中的能耗,还减少了对设备的要求,使得生产过程更加简便和易于控制。

钙钛矿材料具有宽吸收光谱,能够吸收更广泛的太阳光谱波段。即使在弱光或室内照明条件下,它也能有效地将太阳光转化为电能。这一特性使得钙钛矿电池在不同的光照环境下都能有较好的表现,对太阳能的利用效率更高。

目前,大多数只生产钙钛矿模块的公司表示,他们开发钙钛矿电池时不期望它很快进入主流的太阳能电池市场。这也是他们专注于开发轻量化薄膜的原因。波兰的萨略技术(Saule Technologies)公司在 2021 年开始销售柔性单层太阳能薄膜。总部位于东京的积水化学(Sekisui Chemical)公司是仅次于牛津光伏的钙钛矿电池专利的第二大持有者,它也于 2020 年开始销售柔性电池;该公司与日本电子巨头松下和东芝一起致力于钙钛矿电池的大量商业化。

不过,也有一些公司已经退出了钙钛矿电池市场。跨国科技公司富士胶片是钙钛矿电池专利的第三大持有者。但是,在对超极性太阳能电池进行基础研究之后,它不再开发钙钛矿电池或用于制造它们的材料。而澳大利亚的钙钛矿电池开发商 GreatCell Solar 曾在 2022 年努力投产。尽管该公司与全球最大的太阳能电池板制造商之一,中国上海金科太阳能(JinkoSolar)建立了合作关系,但其钙钛矿电池商业化的过程相当不容易。

研发人员强调钙钛矿电池户外试验的重要性。格雷策尔教授观察到了一个有趣的现象。他们在 2022 年夏天参观了位于湖北鄂州的湖北万度光能有限公司的试验场(图 6 - 6 右下)。当时室外温度为 28℃,但是钙钛矿电池面板的温度却达到了 70℃。这种情况在光伏发电场屡见不鲜。

已有许多国家的公司将钙钛矿电池应用到了实验室之外。英国牛津光伏公司正在德国勃兰登堡的一个钙钛矿薄膜光伏试验生产基地进行测试;萨略技术公司把薄膜光伏高高地挂在其华沙总部附近的一座办公楼上;中国企业纤纳光电科技和湖北万度光能已经在杭州和鄂州进行了现场测试。全球十几家公司正在共同努力销售用钙钛矿制造的光伏面板。美国马萨诸塞州韦尔斯利的 BCC 研究公司分析师玛格丽特·加利亚迪(Margareth Gagliardi)表示,有数十家公司参与了钙钛矿电池产品材料的生产,并且目前已有实现初步市场化的成功案例。

3. 钙钛矿电池的研发成果

表 6-1 展示了几家公司的钙钛矿电池应用成果。

表 6-1 几家公司的钙钛矿电池应用成果

公司名称	公司(总部)地址	制造目标	研发成果	研发阶段
能源材料	美国罗切斯特	钙钛矿专用电池	实现卷到卷涂层	保密
前沿能源解决方案	韩国蔚山	柔性和刚性(支持玻璃)串联电池	高效模块(20%,225cm^2)	未披露
纤纳光电	中国杭州	刚性玻璃背式钙钛矿电池大型(1000cm^2)模块	高效 mini 模块(17.3%,17.3cm^2)	现场测试
牛津光伏	英国牛津	高效的串联元胞(1cm^2)	与硅制造商合作生产更大模块的刚性串联电池	现场测试
萨略技术	波兰华沙	印刷灵活、轻巧	高效的小电池(17%)、高效的模块(10%,100cm^2)	现场测试
东芝	日本东京	于 2025 年销售钙钛矿电池	用于屋顶的轻型模块	
积水化学	日本大阪	柔性电池	高效模块(10%,900cm^2)	
松下		刚性的电池元胞	高效单元(21.6%,6.25cm^2)、高效模块(12.6%,412cm^2)	现场测试
Solaxess SA	瑞士纳莎泰尔	将钙钛矿太阳能组件集成到建筑物中	高效电池(14.9%,1cm^2)、高效模块(12%,100cm^2)	
Solliance	荷兰埃因霍温	开发仅具有渗透性的电池和串联元胞	—	
斯威夫特太阳能	美国圣卡洛斯	柔性钙钛矿电池和钙钛矿电池串联	—	保密

续表

公司名称	公司(总部)地址	制造目标	研发成果	研发阶段
Tandem PV	美国帕洛阿托	串联钙钛矿/硅电池	开发一个面积约为 225cm^2 的电池元胞	保密
万度光能	中国鄂州	低成本的钙钛矿电池	高效模块 (12.5%，100cm^2)、3600cm^2 的演示模块	现场测试

2009 年，第一个钙钛矿光伏器件出现，它的转换效率只有 3.8%。然而，由于在实验室中制造钙钛矿晶体相对容易，研究人员通过将低成本盐溶液混合形成薄膜，很快就成功提高了钙钛矿光伏器件的性能。到 2018 年，由美国和韩国的研究人员制造的钙钛矿光伏器件的转换效率已经飙升至 24.2%，接近硅材料制造的光伏器件的实验室纪录 26.7%。上述这两种器件的理论极限略低于 30%，但是典型的商用硅板的转换效率在 15%~17%，最佳情况下只可达到 22%。与此相比，在小于 1cm^2 的微小样品上，钙钛矿光伏器件已经创下了 35% 的转换效率纪录，并且性能具备可扩展性。目前在 180℃ 的实验室条件下，尺寸为 1cm^2 的钙钛矿光伏器件的转换效率仍然保持在 26.6%。到 2022 年 12 月，澳大利亚的一家钙钛矿电池公司将钙钛矿光伏器件的转换效率提升到了 32%，并且成功实现生产卷对卷的钙钛矿薄膜电池。

波兰萨略技术公司的孔驰（Kurtz）博士表示，人们亟需证明自己有能力大面积制造高效元胞。尽管如此，钙钛矿电池相比于硅电池也有着制造工艺简单、成本低廉的优点。硅的生产始于在 1800℃ 下加热采集的沙子。制造高纯度硅板材需要在 300℃ 的盐酸中溶解材料。相比之下，萨略技术公司只需使用喷墨打印机将少量材料沉积到塑料薄膜上即可得到钙钛矿光伏器件。该公司表示，它以这种方式制造了中等大型光伏模块，其转换效率为 10%。一些公司使用图案辊来实现钙钛矿油墨打印。美国的斯威夫特太阳能（Swift Solar）公司将两种不同类型的钙钛矿元胞结合在一起，制造出了一个轻量级的串联模块。

在 2020 年，英国牛津光伏公司提出提高转换效率的最快途径用钙钛矿增强硅。当时他们通过在硅上涂上 17% 的高效钙钛矿叠层，得到了转换效率为 28% 的串联电池。这种形式可以让钙钛矿吸收更多的短波长的蓝绿光，让硅吸收波长较长的红光。一年后，该公司生产了转换效率为 27% 的高效的商业尺寸串联电池，性能优于当时最佳的硅电池。首席技术官克里斯·凯斯（Chris Case）博士表示，这些模块在 2020 年底已公开销售。这种串联叠层电池转换效率的理论极限为 45%，牛津光伏的实际目标是达到 35%。凯斯博士说："这将是性能最好的太阳能电池，转换效率可达到商用硅电池的两倍。"

目前尚待证明相比于承诺了使用寿命达 25 年的硅电池，钙钛矿电池是否足够耐用，能够承受雨水、风、强日照和严寒的影响。另外，大多数钙钛矿电池产品含有铅，这就引起了人们对毒性的担忧；研究人员也不相信实验室的转换效率纪录能转化到商业规模应用中。与此同时，传统的硅电池变得越来越便宜，转换效率越来越高。这使得薄膜电池等后来的新材料在商业化应用领域很难超越硅电池。不过我们相信，钙钛矿电池作为一种新能源产品有助于推动光伏产品的市场化进程，在实现碳中和及应对气候变化方面发挥积极作用。

4. 稳定性及寿命挑战

钙钛矿电池的稳定性是制约实际应用的关键因素之一。钙钛矿电池在光照、湿度、温度及氧气等环境因素的影响下，容易发生降解和性能衰退。

钙钛矿电池面临的主要挑战是能否像硅电池一样拥有较长的寿命。澳大利亚悉尼新南威尔士大学研究钙钛矿和其他太阳能材料的马丁·格林（Martin Green）说，钙钛矿的稳定性需要达到接近硅所确立的标准，而这一步非常有挑战性。他的团队正与中国两家大型太阳能电池制造商天合光能（TrinaSolar）和尚德（Suntech）合作开发这种材料。

钙钛矿材料对空气和水分较为敏感，但这敏感性对于太阳能电池来说应该不是一个致命的问题。商用太阳能电池已经将光伏材料封装在塑料和玻璃中，以保护它们。这或许可以应对大多数因素的渗透。更深层次的问题出在晶体本身。在某些情况下，钙钛矿的结构会随着预热而改变，这改变虽然是可逆的，但却会影响性能。

研究人员一直在努力解决这个问题。譬如，由著名的迈克尔·格雷策尔教授领导团队将少量的镉和红宝石与甲基铵和甲酰胺阳离子相结合，该组合可避免在使用单个阳离子时由温度和湿度驱动的结构变化。

钙钛矿材料存在的另一个问题是当光线照射到透光晶体上时，钙钛矿中会有"X"小离子可以在结构内移动；如果晶体内存在任何缝隙，"X"小离子的存在将引发一系列物理事件，这些事件可以改变晶体的组成和转换效率或导致设备故障。孔驰表示：这种情况一旦发生，现有的大多数钙钛矿电池的转换效率都会受到一定影响。

为了提高钙钛矿电池的稳定性，研究人员采取了多种措施，如封装、掺杂、界面修饰等。同时，研究人员正在不断探索新型的钙钛矿材料和制备工艺，以提高电池的稳定性。目前钙钛矿电池在寿命（稳定性）方面的进展总结如下。截至 2023 年年初，大多数的钙钛矿电池的 t80 寿命约为 4000 小时，其最终的转换效率仅为初始值的 80%。这离突破目前主流光伏技术的 25 年寿命还有很大距离。钙钛矿电池不稳定的原因主要包括吸湿性、热不稳定性、离子迁移等自身因素，以及外部因素如紫外线、光照等；并且钙钛矿电池及其器件的降解机制非常复杂，业内对这个过程还没有形成非常清晰的认识，也没有达成统一的量化标准，这对其稳定性的研究是不利的。由于产品稳定性不足，钙钛矿电池的市场化可能会面临一种或多种以下的挑战：光伏材料降解及性能衰退、封装成本上升、设备维护成本高、技术研发方向受限、材料研究重点局限、技术突破难度大。

尽管如此，研究人员已在钙钛矿电池寿命方面取得了不小进展。在 2024 年初，有多个测试结果报道钙钛矿电池持续运行寿命超过 4 万小时，并且在全日照下保持了 80% 以上的性能。也有报道称其持续运行寿命可达到 25 年，理论寿命预测可达 30 年。

总之，解决稳定性问题是目前钙钛矿电池面临的最重要的挑战之一。

5. 现场测试

大多数钙钛矿电池公司都没有公布其稳定性测试结果。但它们都宣称自己是遵循由国际电工委员会制定的硅电池认证标准进行测试的。此标准称为 IEC 61215，涉及室内测试，其测试项目包括模块在 85% 的相对湿度下加热至 85℃，并持续 1000 小时，历经 $-40 \sim 85℃$ 的热循环 100 次，以及用冰球撞击等。

如果硅电池经过这些测试后仍然能工作，那么它应该能在典型天气下持续工作 30 年。但是，由于钙钛矿与硅具有不同的特性，即使它们可以通过这些测试，但在实际应用中仍可能会出现问题。例如，纤纳光电公司的钙钛矿模块通过了 IEC 61215。然而，在杭州的实地试验表明，产品在 2 年内，性能平均降低至初始性能的 80%。与硅电池的 30 年寿命相比，这是一个重大劣势。

凯斯表示牛津光伏的串联模块通过了 IEC 61215 测试。"这是否意味着它能持续工作 25 年？"他指着附近的模块问道，却并不知道答案。通过测试是材料长期耐用性的标志，它是一个很好的迹象，但仍不是万全的保证。

格林博士表示，根据挪威专业测试公司 DNV 的实验室测试结果，他同意目前钙钛矿电池的稳定性存在问题的观点。DNV 公司正致力于解决该稳定性问题。该公司从每个制造商获得几个样品，让它们通过自己的一套测试，并比较结果。这些测试与上述 IEC 61215 的测试类似，但旨在更好地捕获电池长期退化的数据。格林博士表示目前该公司测试名单上的钙钛矿电池公司还很少，希望其能快速增多。

已有文献汇报了钙钛矿电池的研发成果，其转换效率在 20% 左右，且持续运行寿命超过 4 万小时，等效户外运行寿命超 25 年。

总之，尽管钙钛矿电池在寿命方面已取得一定成果，但要实现其广泛的商业化应用，还需不断创新，综合运用多种策略来进一步提升电池的寿命和稳定性。

6. 环保性

钙钛矿电池应用的一个潜在阻碍是其性能最好的电池类型中含有铅，它是一种有毒金属。目前生产的环保性，特别是含铅产品的生产及使用正在引起社会关注。许多钙钛矿材料中含有铅元素，业界有人指出其对环境和人体健康存在潜在危害。

如果对铅基钙钛矿进行成分微调，或者探索新型的无铅钙钛矿材料，或许既能降低毒性，又有可能提升性能。因此，开发无铅或少铅的钙钛矿材料是未来的一个重要研究方向。研究人员已经尝试使用了锡等替代品，但这会导致电池性能下降。不过含有铅并不意味着电池不能使用。对牛津串联模块的生命周期分析表明，即使它们所含的少量铅发生泄漏，也不会对环境产生很大影响。分析还表明，硅电池在生产过程中对整体环境造成的影响更为严重。

萨略技术公司也反驳了钙钛矿电池有铅毒性的观点。该公司首席科学官康拉德·沃伊切霍夫斯基（Konrad Wojciechowski）说，该公司印刷的轻质模块含铅量很少。他说，封装的模块即使在水中浸泡了一年，留下的铅含量仍低于世界卫生组织对饮用水铅含量的规定。

总之，钙钛矿电池的铅毒性问题有望找到切实可行的解决方案，推动钙钛矿电池技术朝着更加绿色、可持续的方向发展。

7. 结论与讨论

（1）结论。

钙钛矿电池作为一种新兴的光伏技术，具有高转换效率、低成本、可柔性制备等优点，具有巨大的发展潜力。目前，钙钛矿电池的转换效率已经接近甚至超过传统的硅电池。虽然目前钙钛矿电池还面临着一些挑战，如稳定性问题、铅毒性问题、大规模制备问题等，但这些问题将在研发中逐步得到解决。未来，钙钛矿电池在分布式光伏发电、便携式电子设备、可穿戴设备、太空探索等多个领域有希望得到广泛应用，为人类社会的可持续发展提供可靠的能源保障。

钙钛矿电池可以与其他技术相结合，如储能技术、智能控制技术等，这将实现太阳能的高效利用和智能化管理。例如，可以将钙钛矿电池与储能电池相结合，实现太阳能的高效利用；可以通过智能控制技术，实现太阳能电池的最大功率跟踪和最高效能的智能管理。

（2）讨论。

与传统或主流的太阳能电池对比，在新兴的薄膜太阳能电池（如钙钛矿电池）的研究和应用领域，以下国家和地区在近十年来处于领先地位。

1）中国在钙钛矿电池领域的发展迅速，产业落地进展较快，逐渐取得领先地位。在国家政策的引导下，各地政府积极落实制定具体配套激励政策，"政产学研用"协同推进，各种技术路线及市场主体参与钙钛矿电池技术的产业化进程。近年来，中国的隆基绿能、协鑫光电、纤纳光电等公司在钙钛矿电池转换效率及产业化方面不断取得突破。中国在钙钛矿电池的相关研究成果较为丰硕，不断推动着该领域的技术进步。

2）美国政府为钙钛矿电池的研究提供了项目资助及创业扶持，推动其从实验室走向市场，并且实行的税收抵免政策也促进了产业发展。美国的一些科研机构和企业在钙钛矿电池领域积极开展研究和创新，美国莱斯大学的研究人员通过控制动态结晶成功解决了二维卤化物钙钛矿合成的瓶颈，这项研究成果有助于提高钙钛矿电池的稳定性并降低基于卤化物钙钛矿的新兴技术的成本。

3）欧盟地平线计划资助了多国的钙钛矿研究项目，欧洲有许多钙钛矿相关的研究中心，在钙钛矿电池领域的研究实力突出。例如，英国巴斯大学获得欧洲委员会的资金支持，研究和开发钙钛矿材料在太阳能电池领域的潜在应用。在美国可再生能源实验室对钙钛矿/硅串联电池转换效率最高的地区分布统计中，欧洲地区已 9 次位居各地区之首。

4）日本注重柔性钙钛矿电池布局，科研机构和企业也在钙钛矿领域不断探索。例如，丰田汽车力争 2030 年于纯电动汽车（EV）的车顶搭载钙钛矿电池；日本的科学家在钙钛矿电池的研究方面也取得过一定成果，日本的早期研发成果尤其引人瞩目。

5）韩国政府通过路线图计划大力投资钙钛矿电池发展，其半导体和显示器行业也为钙钛矿电池技术的发展提供了支持。韩国的科研团队在钙钛矿电池转换效率提升方面取得了一定成果，如韩国能源技术研究院团队研发出了具有较高转换效率水平的半透明钙钛矿太阳能电池。

综上所述，目前中国钙钛矿电池技术的原创性能力得到了显著提升，相关成果也得到了国际认可与重视。

6.2.5 多种太阳能技术的系统说明

1. 光伏发电技术

光伏发电技术是目前应用最广泛的太阳能发电技术之一。它利用光伏效应将太阳能转化为电能。光伏发电系统由太阳能电池板、逆变器、电池储能系统等组成。太阳能电池板在光伏发电系统中起到了至关重要的角色，它可以将太阳能转换为直流电。逆变器可将直流电转化为交流电，以供电网使用。电池储能系统可以将多余的电能储存起来，以备不时之需。

光伏发电技术的应用非常广泛。在家庭中，光伏发电系统可以安装在屋顶上，为家庭供电。在工业领域，光伏发电系统可以用于供电和照明。在农业领域，光伏发电系统还可以为农田灌溉和农村电网供电。此外，光伏发电系统还可以应用于航天、船舶、交通信号灯等领域。

2. 光热发电技术

光热发电技术是利用太阳能的热量产生蒸汽，驱动涡轮发电机发电的技术。光热发电系统由太阳能集热器、蒸汽发生器、涡轮发电机等组成。太阳能集热器将太阳能转化为热能，蒸汽发生器将热能转化为蒸汽，蒸汽驱动涡轮发电机发电。

光热发电技术的应用主要集中在大型发电厂。这些发电厂通常建在阳光充足的地区，如沙漠地区。光热发电技术可以为大型城市和工业区域提供稳定的电力供应。

3. 太阳能光热利用技术

太阳能光热利用技术是利用太阳能的光热效应产生热能的技术。太阳能光热利用系统由太阳能集热器、热储罐、热交换器等组成。太阳能集热器将太阳能转化为热能，热储罐将热能储存起来，热交换器将热能转化为其他形式的能量。

太阳能光热利用技术的应用非常广泛。在家庭中，太阳能光热利用系统可以用于供暖、热水等。在工业领域，太阳能光热利用系统可以用于工业生产过程中的加热和蒸汽供应。在农业领域，太阳能光热利用系统可以用于温室的加热和灭菌。

4. 太阳能光化学利用技术

太阳能光化学利用技术是利用太阳能的光化学效应将太阳能转化为化学能的技术。太阳能光化学利用系统由光催化剂、电解质、电极等组成。光催化剂吸收太阳能的光子，产生电子和空穴，电解质将电子和空穴分离，电极将电子和空穴转化为化学能。

太阳能光化学利用技术的应用主要集中在人工光合作用和光催化水分解领域。人工光合作用是利用太阳能的光化学效应将二氧化碳和水转化为有机物质。光催化水分解是利用太阳能的光化学效应将水分解为氢气和氧气。

总之，目前使用的太阳能技术主要包括光伏发电技术、光热发电技术、太阳能光热利用技术和太阳能光化学利用技术。这些技术在家庭、工业、农业等领域都有广泛的应用。随着人们对可再生能源的需求不断增加以及碳中和的驱动不断增强，太阳能技术会得到进一步的发展和应用。

6.2.6　太阳能发电技术的市场前景和发展趋势

硅晶体和硅薄膜是两种主要的太阳能电池技术。硅晶体因为其转换效率较高、资源更为丰富而被更加广泛地使用。但硅的提炼过程成本很高。使用硅薄膜生产出的太阳能电池虽然转换效率比较低，但其发电制造成本更低。正在发展中的新一代（也被称为第三代）太阳能电池技术以低成本、高转换效率为特征，该技术产品已经实现量产还待市场验证。

随着人们对可再生能源的需求不断增加，太阳能发电技术得到了广泛的研究和应用。

德国在 21 世纪初为光伏产业发展作出了巨大贡献。2003 年 4 月，位于德国巴伐利亚附近的黑马乌（Hemau）的光伏发电站并入了公共电网，这个"黑马乌太阳能园区"发电站在其峰值时期可提供 4MW 的电力，是当时世界上最大的光伏发电站。在德国《可再生能源法》的支持下，德国随后在 2004 年建造了许多更大的光伏发电站。德国的"固定电价机制"计划直接促使德国成为全球光伏系统装机容量的领跑者。根据欧洲光伏产业协会统计结果，德国到 2010 年 6 月底的装机总容量达到了 12.8GW。

美国太阳能发电市场发展轰轰烈烈，在 2009 年其总装机容量已达到 2.1GW，其中光伏发电站占了绝大部分，那时候平均每个光伏发电站的峰值输出都超过 200kW。在 2023 年其光伏新增装机容量为 35.3GW，在 2023 年上半年光伏并网已达到 12GW，大量的光伏发电站被建造在美国的南部和西南部，那里的加利福尼亚州、内华达州和亚利桑那州拥有大片阳光丰富的沙漠地带。在这些地区，大量的资产正在被用于建造实用规模的光伏发电站。

在美国加利福尼亚州伯克利市，研究人员开发出了现场光伏发电的创新技术。市政府也提出了一项名为"伯克利第一"的公共太阳能使用政策，允许家庭采用 20 年分期付款和通过房产税来付款，避免了安装太阳能发电系统带来的高昂预付费用。上述光伏发电技术的发展与地方政府的鼓励政策，极大地推动了当地光伏产业的发展。

美国是聚光太阳能发电技术的先驱，并且在加利福尼亚州、内华达州以及夏威夷州安装了大型聚光太阳能发电系统。2010 年起西班牙也在积极建造聚光太阳能发电站，但美国利用光热技术生产的电量超过全球光热发电量的一半。

亚洲的光伏发电技术巨头中国、日本和韩国，正在飞速超越德国并成为世界光伏发电技术和装机总容量的领导者。太阳能电池的发展使得太阳能发电成为一种可行的替代能源。太阳能电池的成本不断下降，转换效率不断提高，使得太阳能发电成本逐渐接近传统能源。光伏发电系统的可扩展性和灵活性使其成为一种理想的能源解决方案。光伏发电技术减少了人类对化石燃料的需求，从而减少了温室气体的排放，有助于应对气候变化。光伏发电技术的使用可以减少对有限资源的依赖，提高能源安全性。此外，光伏发电技术的发展为经济增长和就业创造了机会，促进了可持续发展。

光热发电技术可以在太阳能不可用时存储热能，以确保持续地发电。此外，光热发电技术还可以与其他能源形式（如天然气或生物质能）结合使用，以提供持续的电力供应。更大规模的光热发电技术可用于大型光热电站发电，这种大规模的热能系统使用镜子和透镜将太阳能聚焦到液体对其进行加热，加热后的液体可以驱动涡轮机发电。这种模式被称为聚光太阳能发电，它有四种基本类型：槽式、线性菲涅尔反射器式、塔式和碟式。最常见的是槽式系统，该系统使用抛物柱面槽式反射镜将太阳光聚焦到一个装满液体的接收器上，该接收器的长度与槽长相同，通过加热接收器中的液体产生高温高压蒸汽，并利用蒸汽驱动发电机发电。

聚光太阳能发电系统的运作需要大面积的土地和大量的水来冷却涡轮机。很多适合该系统运作的地区都很偏远，这给电力传输和连接工作带来了负担。

虽然光伏发电系统和聚光太阳能发电系统都使用太阳能，但聚光太阳能发电系统能够更容易地将热能存储系统整合在一起，例如使用熔融盐储存热能。聚光太阳能发电系统通过增加能量存储部件可在阴天或晚上继续运作，这使其成为一个更加稳定的能源。然而，光热发电技术及其产品的发展仍面临一些挑战。

世界各国在新能源产业包括光伏产业等都设有鼓励政策和补贴。例如，在 2015 年，中国政府推出了 "绿色电力证书" 制度，向符合条件的企业提供一定的补贴。这些鼓励补贴对可再生能源的发展起到了积极作用。

太阳能的使用正在快速增长。根据绿色技术调研机构 Greentech Media 的统计数据，全球在 2000 年只有 1.2GW 的太阳能发电装机容量。而到 2010 年，全球的太阳能发电装机容量已经达到了 40GW，并在 2020 年超过了 700GW。据测算，一些大型的太阳能公司在 2011 年跨过了 10GW 装机总容量的门槛。当时中国有许多家这样的公司，说明中国已经成为太阳能电池与模组制造行业的领导者。

一份由绿色技术研究与出版机构 Clean Edge 发表的报告显示，太阳能发电有望在 2025 年为美国提供 10% 的电力，此报告预计其中 2% 的太阳能电力会来自聚光太阳能发电系统，8% 来自光伏发电系统。此报告同时指出，随着太阳能发电产业迅速扩张，太阳能发电系统的成本在持续降低；反之，使用化石燃料生产的电力的价格却在持续升高。此报告估计了太阳能发电电力的价格，在 2013 年，它与利用传统能源发电电力价格基本持平。为了最大限度挖掘潜力，太阳能发电公司需要简化产品安装流程，使其成为一种即插即用技术。消费者采购与安装太阳能发电产品，以及将该产品连接至电网的流程必须简单明了。

电力系统需要利用太阳能的优势，将太阳能与未来的智慧电网技术整合在一起，为新增太阳能发电装机容量创造新的商业模式。Clean Edge 发表的报告还呼吁政府将目前太阳能发电投资与制造的税收抵免鼓励措施变成长期政策，为太阳能发电并网设立开放标准，确保相关公用事业部门有能力根据它们自己的基本电力价格将太阳能发电纳入其中。

　　光伏发电系统可以在建筑物建造期间就预先安装在其中，这一快速增长的新兴太阳能技术，需要将光伏太阳能电池板与建筑材料整合在一起。例如，将太阳能电池板与屋顶用材料、窗户、飞檐或墙壁系统整合在一起，这项举措可同时降低楼房建造的材料成本和光伏发电系统的安装成本。采取被动式太阳能楼房设计可以通过使用窗户和室内表面来控制室内空气温度，达到利用太阳能的目的。伴随着光伏发电系统的成本降低，太阳能会成为绿色工业革命中的一个关键部分。

　　技术的不断创新与科学的持续发展，为人类开创新的生活方式提供了先决条件。未来大多数的房顶都会安装光伏发电系统，办公室的窗户会被一层薄膜所覆盖，而这种薄膜是另外一种光伏发电系统。如果阳光照在你的周围，而你自己家中光伏发电系统的发电量超出了你的需求，你可以将其存储到你的汽车电池中，或者将其输送给几个街区以外需要这些电力的邻居那里，供他们使用。这一过程使用了碎片式的储能技术，还可通过智慧分布式能源实现价值转化。

　　绿色工业革命开创了一种能以不同方式生产能量的全新时代，太阳能是其中关键要素之一。在高科技研究开发中，一系列效率最佳纪录的诞生，与多种光伏发电技术紧密相关。这些技术包括多级聚光、晶硅、传统薄膜、新兴技术、钙钛矿电池、光伏技术等。

6.2.7　讨论与总结

　　本节主要讨论了光伏发电技术，介绍了它的基础理论和实际应用。光伏发电通过太阳能电池将太阳能转化为电能。太阳能电池是用半导体材料制成的电子器件，具有特殊的光电转换能力。

　　主要的光伏发电系统组件包括太阳能电池板、逆变器、电池、支架和电网。在这些组件中，太阳能电池板的作用至关重要，它由多个太阳能电池组成，能够将太阳光转化为电能。逆变器则起着将直流电转换为交流电的作用，以满足电网或用户家庭的用电需求。电池用于储存过剩的电能，以便在夜间或天气不好时供电使用。支架用于固定太阳能电池板，以帮助它们充分利用太阳能。

　　在光伏发电技术中，本节详细介绍的钙钛矿电池值得关注。钙钛矿电池具有高转换效率、低成本和易于制备的优势，因此，钙钛矿电池具有良好的应用前景。

光伏发电具有清洁、可再生、低碳的特点，对环境友好，不产生排放物。它可以广泛应用于家庭、商业和工业领域，为人们提供可靠的电力供应。随着技术的进步和成本的降低，光伏发电在全球范围内得到了广泛推广和应用，并逐渐成为未来清洁能源发展的重要方向。

1. 光伏发电的优势

（1）清洁环保。光伏发电是一种清洁能源，不会产生二氧化碳等温室气体的排放，对环境污染较少，对减缓气候变化有积极作用。

（2）可再生能源。太阳能是一种可再生能源，可以持续供应数十亿年。

（3）分布式发电。光伏发电可以在各个地方进行，可以将太阳能电池板安装在屋顶和空地上，减少能源输送损耗，促进能源分布更均衡。

（4）长寿命和低维护成本。太阳能电池板具有较长的使用寿命，通常可达 25 年或更长。并且，光伏发电系统不需要太多的维护工作，降低了维护成本。

（5）多样性和灵活性。光伏发电系统可以根据需求进行规模化调整，从小型家庭系统到大型商业和工业系统均可胜任，能够满足不同规模和用途的需求。

2. 光伏发电的劣势

（1）发电量依赖于天气。光伏发电系统的能量产生依赖于阳光照射度，阴天或夜晚时光伏发电的产能会下降。这需要配备储能系统或与电网连接以保证持续供电。

（2）初始投资成本高。光伏发电系统的初始投资成本相对较高，包括太阳能电池板、逆变器的费用和安装费用。然而，随着技术的进步和市场竞争的增加，光伏发电系统的成本正在逐渐降低。

（3）土地需求较高。大规模光伏发电系统需要占用较大的土地面积，对土地资源有一定的需求。这可能会在一些地区造成土地利用方面的挑战。

（4）材料和资源的限制。太阳能电池板的制造和处理过程需要使用稀有金属和化学物质，这可能对资源和环境带来一定的压力。

3. 总结

尽管存在一些劣势，但随着技术的不断发展和成本的降低，光伏发电将成为世界可再生能源转型的重要组成部分。

光伏发电的应用场景有很多种：各种光伏发电站、屋顶光伏系统、太阳能农业、太阳能充电站、太阳能灯光系统、太阳能水泵系统，以及混搭式光伏分布式发电等。这里只提及了光伏发电的部分应用场景，光伏发电在能源领域的应用前景非常广阔并在不断扩展。

上面讨论涉及了光伏发电的优势和劣点，包括可再生能源、环境友好和成本效益等方面，说明了光伏发电技术在碳中和的努力下发展迅速。它的技术创新、产品多样化以及对可持续性发展的贡献，将使光伏发电在碳中和战略目标的贡献具有重大意义。光伏发电作为可再生能源领域的重要部分或未来社会重要的能源支柱，将会在碳中和市场、技术应用和实现碳中和战略目标方面持续发挥重要作用。

总之，光伏发电是可再生能源领域的最重要的力量之一。充分推广光伏发电，可助力实现碳中和战略目标。

6.3　风能发电

风能发电技术可将风的动能转化为电能，它对于应对气候变化具有重要意义。人类利用风能的发展历史悠久，风能发电技术的不断创新和发展使得风能发电成为一种可行的替代能源。许多国家都在积极推动风能发电项目的建设，建立了大规模的风能发电场。这些风能发电场不仅能够为当地提供清洁的电力，还能够减少人类对传统能源的依赖，降低能源成本，促进经济发展。

6.3.1　风能发电概述

1. 引言

（1）风能发电的概念。

风能发电简称风电，它是将风的动能转化为电能的过程。风电应用广泛，已经形成一个完整的风电行业。风能的转化主要依靠风轮叶片和发电机来完成。风轮在风的推动下旋转，进而带动连接传动链上的发电机发电，将机械能转化为电能。风轮设计时根据风力对其产生的力矩进行了计算，力矩越大，风轮的转速越快。

讨论风电行业将会涉及许多专业名词，我们选择几个在此作简单说明。

1）风能发电机组简称风电机组，是一种能源设备，主要利用风力驱动风轮旋转，通过将机械能转换为电能的方式生成电力。

2）风能发电机，也被称为风能涡轮机或者风机，是一种利用风直接驱动涡轮转动以产生机械能的装置，该机械能可以用于直接做功。

3）风能又称为风力。风电得益于地球上的风能资源，风能是地球上的一种清洁、绿色的能源，使用无须消耗任何燃料、不产生污染物。

4）风力等级又称为风力强度。它是根据风速的不同划分的等级，通常采用蒲福风级来表示。风力等级的高低可直接影响天气状况和海洋活动的安全。

5）风能发电场（简称风电场）是应用许多风电机组来提供通常的电厂级别的电力输出的设施。

风能是源自地球的能量，它可持续并且能量巨大。风能作为一种可再生能源，具有很重要的环保和经济意义。

风电作为一种可再生能源技术，正在逐渐融入全球能源产业。风电行业正在全球能源产业中扮演着重要的角色。与传统的化石能源相比，风电无污染、可再生且资源丰富。

风电技术的不断创新和发展，已使其成为实现碳中和的可行的解决方案之一。

（2）风电机组结构。

风电机组由风轮、传动系统、偏航系统、液压系统、制动系统、齿轮箱、风能发电机、控制与安全系统、机舱、塔架和基础等组成。风电机组通过风力推动风轮旋转再通过传动系统增速来达到风能发电机的转速后来驱动风能发电机发电，这能够有效地将风能转化成电能。主轴和联轴器将风轮、齿轮箱和风能发电机连接起来，传递旋转的力矩。

叶片、变桨系统、齿轮箱、风能发电机、偏航系统等主要组成部件的功能简述如下。

1）叶片。叶片是吸收风能的单元，用于将风的动能转换为风轮转动的机械能。叶片是风轮的重要组成部分，一个完整的风轮由叶片、轮毂、变桨系统组成。每个风轮有一套独立的变桨系统，主动对叶片进行调节；叶片配备雷电保护系统；风电机组维护时，风轮可通过维护锁定销进行锁定。

2）变桨系统。变桨系统通过改变叶片的桨距角，使叶片在不同风速时处于最佳的吸收风能的状态，当风速超过切出风速时，它使叶片顺桨刹车。

3）齿轮箱。齿轮箱的功能是将风轮在风力作用下所产生的动能传递给发电机，并使其得到相应的转速。

4）风能发电机。风能发电机是将风轮转动的动能转换为电能的部件。多数风电机组采用是带滑环三相双馈异步发电机；转子与变频器连接，可向转子回路提供可调频率的电压，输出转速可以在同步转速30%范围内调节。

5）偏航系统。偏航系统采用主动驱动风轮形式，与控制系统相配合，使风轮始终处于迎风状态，充分利用风能，提高发电效率。同时，它可提供必要的锁紧力矩以保障风电机组安全运行。

（3）风电优缺点。

风电的优点总结如下。

1）可再生能源。风能是一种无限可再生的绿色能源，具有可持续性和可替代性，能够长期供应清洁能源。

2）减少温室气体排放。风电几乎不产生温室气体，也不排放污染物，可有效减少人类对化石燃料的依赖，有力推动低碳经济的发展。

3）经济性。随着技术的进步和规模效应的实现，风电的成本逐渐降低，在市场上逐渐变得更具竞争力。

4）分布广泛。风能源于地球的转动。全球各地都存在风能资源，因此风电具有广泛的适用性和可行性。

风电的缺点总结如下。

1）不稳定性。风力等级和方向的变化会导致风电的输出不稳定，需要与其他发电方式结合使用以保持供电的稳定性。

2）地理环境限制。风能资源的分布具有地域性，不同地区的风能资源丰富程度存在差异，且地区经济的差异也会影响风能开发。

3）噪声和视觉影响。风电机组作为设备在运行时有时会产生噪声，并且风电场的建设可能对周围的景观产生一定的视觉影响。

4）空间需求。风电场需要大片的空地来安置风电机组，对土地的使用有一定的要求。

（4）作用。

风电技术的作用有以下几个方面。

1）可再生能源。风能是一种可再生能源，可以替代传统的化石燃料发电，减少人类对有限资源的依赖，减少温室气体排放。

2）能源转型。风电技术是能源转型的重要组成部分，可以推动能源结构的转变，促进可持续发展。

3）促进区域经济发展。风电场的建设和运营可以带动当地的经济发展，包括创造就业机会和吸引投资。

4）增强能源安全。应用风电可以减少国家对进口能源的依赖，提高能源的自给自足性，增强能源安全。

2. 应用

风电技术在能源产业中发挥着重要作用。它已广泛应用于许多领域，列举如下。

（1）风电场。风电场是利用大规模的风电机组建设的发电设施，通过并联多个风电机组来提高能量产出和供电的稳定性。

（2）船舶和航空。小型风能发电机可以应用于船舶和航空器中，作为辅助电源或直接为设备供电。

（3）偏远地区供电。由于风能资源分布广泛，风电技术可以用于偏远地区的电力供应，充分利用当地的自然资源。

（4）农田和农村发电。在农村和农田地区，风电技术可以用于农业灌溉和电力供应，促进农村经济发展和改善生活条件。

（5）工业和商业用途。一些工业和商业场所利用风电技术来满足一部分或全部的电力需求，降低能源成本并减少对传统电力供应的依赖。

3. 风能发电原理说明及展开讨论

风能发电基于风的运动和旋转的风电机组的相互作用（Jin，2010）。

风电机组的核心部分是风轮，风轮包含多个叶片。当风经过叶片时，叶片会受到风力的推动，产生转动。转动的叶片会带动风能发电机旋转。风能发电机通过磁场和线圈之间的相互作用，将动能转化为电能。

作为一种可再生能源，风能具有很重要的环境和经济意义。与传统的化石能源相比，风电无污染、可再生且资源丰富。随着风电技术的持续创新和提升，它逐渐成为可行的碳中和解决方案之一。风电转换原理的示意图如图 6 - 7 所示。典型的风电机组架构的功能示意图如图 6 - 8 所示。

风能的产生受多种因素影响，如地球自转、地表加热、大气湿度和密度的不均匀等，它们促使大气形成运动而产生风。

风电机组可将风的动能转化为电能。作为拥有一千多年历史的风车的发展和现代工程的结果，今天的风电机组有多种不同类型，包括各种水平轴和

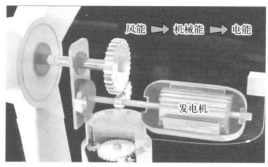

图 6-7　风电转换原理的示意图

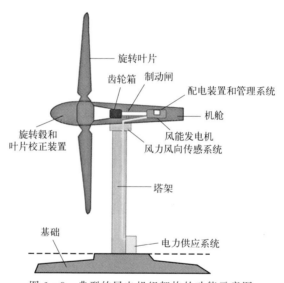

图 6-8　典型的风电机组架构的功能示意图

垂直轴类型。最小的风电机组用于辅助电源的电池充电等应用。稍大的风电机组可用于为家庭供电，同时通过电网将未使用的电力卖给公用事业供应商。被称为风电场的大型风电机组阵列已成为日益重要的可再生能源来源，并成为许多国家减少化石燃料依赖战略的一部分。

　　风电机组设计是定义风电机组的形式和规格的过程。风电机装置包括捕获风的能量、将风轮指向风中、将动能转换为电能所需的必要系统，以及其他启动、停止和控制风电机组的系统。

　　风电的输出功率与风能捕获或者风电机组设计方式有密切关系。有关文献（Jin，2010）给出风电输出的理论值计算式为：

$$输出功率＝0.5×风叶扫过面积×空气密度×速度^3 \qquad (6-2)$$

或者

$$W_P = C \cdot v^3 \cdot R^2 \cdot (273.15/T) \qquad (6-3)$$

式中　W_P——功率输出的理论值；

　　　C——常数；

　　　v——风速；

　　　R——叶片转子半径；

　　　T——空气温度，注意其单位是 K；它与摄氏度（℃）的换算公式为开尔文温度＝摄氏度＋273.15。

通常空气密度是 1.293kg/m^3，取给定标准空气在海平面数值。

德国物理学家阿尔伯特·贝茨（Albert Betz）的计算表明，对于假设的理想风能获取机，质量和能量守恒定律允许捕获不超过 16/27（59%）的风的动能。在现代风电机组设计中可以接近这个贝茨极限，达到理论贝茨极限的 70%～80%。

风电机组的空气动力学并不简单。叶片处的气流与远离风电机组的气流不同，风电机组从空气中提取能量会导致空气发生偏转，这会影响下游的物体或其他风电机组，被称为"尾流效应"。此外，风电机组转子表面的空气表现出在其他空气动力学领域很少见的现象。设计风电机组叶片的形状和尺寸需要考量有效从风中提取能量所需的空气动力学性能，以及抵抗叶片受力所需的强度。

除了叶片的空气动力学设计外，完整风电系统的设计还涉及安装的转子轮毂、机舱、塔架结构、发电机、控制和基础的设计。良好设计使一些风电机组可以比其他设计产生更多的清洁能源。例如，由于风在高空中可能更强，不稳定性更小，因此将风轮放置在 30m 高的塔架上，可以帮助它们产生更多的电力。

一台风电机组可以为单个家庭或农场供电，几个紧密相连的风电机组就形成了一个风电场。风电场可以是陆上或海上的，它们可以利用混搭式配比即混合能源发电；这意味着，它们也使用其他能源如太阳能。

在世界步入绿色工业革命时，作为最原始的能源之一，风能的使用量呈现出快速增长的趋势。世界风能协会的数据显示，截至 2010 年 6 月，通过风能发电所生产的电量已经相当于欧洲总发电量的 2.5%。2020 年，根据欧洲风能协会统计数据，欧洲风电产出 458TW·h。按照欧洲总发电量 3000TW·h 估算，风电发电量已占总发电量的 15% 左右。在丹麦，2022 年的风电贡献了高于 50% 的电能供应。

　　尽管有人对风电场的视觉影响提出批评，但风能资源丰富、可循环再生、分布广泛、清洁干净、在风能发电过程中没有温室气体排放，因此它确实是所有能源中对环境影响最小的可再生能源。

　　风电产生的电力在几个不同的时间尺度上变化很大：每小时、每天发生变化或呈季节性变化。年产电力变化也存在，但通常不那么显著。由于瞬时发电和用电量必须保持平衡以保持电网稳定性，因此这种时间可变性可能会给将大量风电纳入电网系统带来重大挑战。风电生产的间歇性和不可调度性可能会增加监管成本、增量运营储备，并且（在高渗透水平下）可能需要增加现有的能源需求管理、减载、提供存储解决方案或与高压直流输电电缆的系统互连。

　　因此，需要提高储备能力以应对风电的波动和大型化石燃料发电机组故障所需的额外负荷。公用事业规模的电池储能通常只能用于平衡较短的时间尺度变化，但汽车电池可能会从 21 世纪 20 年代中期开始在微电网储能管理方向取得进展，这能缓解该问题。风电倡导者认为低风期的故障可以简单地通过重新启动已准备就绪的现有发电站或与高压直流输电电缆系统互连来解决。

　　风电场由同一时空范围的风电机组组成。一个大型风电场可能由分布在扩展区域内的数百个单独的风电机组组成。风电机组之间的土地可用于农业或其他目的。风电场也可能位于海上。几乎所有大型风电机组都具有相同的设计：使用水平轴风电机组，受风转子带有 3 个叶片，连接到高管塔顶部的机舱。

　　在风电场中，单个风电机组与中压（通常为 34.5kV）电力收集系统和输电网络互连。通常，在完全开发的风电场中，每个风电机组之间设置 7D（就是风电机组转子直径 D 的 7 倍）的距离。在变电站中，这种中压电流通过变压器增加电压，以连接到高压输电系统。

　　输电系统运营商向风电场开发商提供联网运行管理。它确认风电场与输电网互连并对整个风电场风电机组的基本参数进行监测、控制和管理。目标是提高风电场的可靠性和运行效率，降低维护成本，以及实现智能化管理。通过远程控制确定单个或多个风电机组的启停，实现监控每个风电机组的日发电量、月发电量、年发电量，便于实时监视风电机组的运行状况。运行状况包括功率因数、频率的恒定性以及风电机组在系统故障期间的动态行为。

6.3.2 风能技术的应用及历史

电力是保证现代社会生活质量的要素之一。从风能历史的角度说明如下。因为传统化石燃料有限量，人类工业革命造就的传统供电方式会排放温室气体，以及气候变化等方方面面的因素，全面使用清洁能源已成为全世界亟需推动的任务。其中风电已成为人们推广应用的最重要的电力供应之一。随着全球环保意识的增强，风能作为一种清洁、可再生的能源，正在受到越来越多人的关注和喜爱。

人类利用风能的历史回顾如下。人类利用风能作为能源已有数万年历史。古代人们利用风能来驱动船只，这项古老技术对后来风车的产生有着巨大的影响，风车就是使用类似船帆的叶片来捕获风能的。

历史上首次有记载的风车应用出现在公元前 200 年左右，当时人们利用风车提供的能量来协助完成碾米与取水灌溉之类的工作。风车设计使用了立式风帆，这种风帆是由芦苇编织的风叶通过水平支柱连接至垂直中轴而制成。希腊克里特（Crete）岛上大量使用的风力抽水机是最早且最美丽的风能应用之一。如今，上百个这种古式风帆与转子驱动的风车仍然被用来抽水以灌溉农作物和饲养牲畜。

欧洲人在公元 1300 年前后发明过一种风车，称为柱式风车（Post Mill）。早期的记载（可追溯至 1270 年）显示这种风车由四片叶片组成，坐落在一个中心基座上。在欧洲磨坊中，人们使用木质齿轮将风帆带动的水平轴转动转化为垂直轴转动，以便带动碾磨石的运动。这种传动装置的结构显然是来自维特鲁威（Vitruvius）设计的水平轴水车，维特鲁威是活跃于公元前 1 世纪的一位罗马作家、建筑家以及工程师。

荷兰人改进了这种设计，并在 1390 年的时候制造了塔式风车（Tower Mill）。他们将标准的单杆风车固定在多层塔的顶端，使用不同楼层来完成磨麦、清除谷糠、存储麦子的工作，并在底层为劳动者提供住处。塔式风车和后来出现的塔磨机在风向改变时都需要利用人工的方式来调整风帆方向，人们不仅需要通过调整风帆的方向来优化风车输出的能量，还需要在风暴中保护风车的风帆，以免其被卷起损坏。

之后，人们用了半个世纪的时间来完善风帆等部件的结构设计以提高风车效率。在此过程完成之时，风帆已经具有了现代设计师们认为完美无缺的现代涡轮扇叶的全部主要特征。这些风车在欧洲工业革命之前充当了重要的动力来源。

美国从 1854 年出现霍拉迪（Halladay）风车开始，进一步完善了风车系统。当时，风车在人们生活中起到的最重要作用是抽水。

1870 年出现了铁质叶片，是叶片类风车最重要的改进。铁质叶片与之前的其他种类的叶片相比更坚固，并且易于制成不同的形状以提高效率。人们有时甚至因为这种风车的工作效率太高，带动的转速过快，而需要使用减速齿轮来使得标准往复泵的旋转达到所需的转速。

1888 年美国的查尔斯·布拉什（Charles Brush）在俄亥俄州的克利夫兰市（Cleveland）最先利用风能来发电。1891 年丹麦科学家保尔·拉库尔（Poul La Cour）在欧洲最好的磨坊中开发了根据空气动力学原理设计制造的风电系统。在第一次世界大战结束时，25kW 的风电机组已经在丹麦被广泛使用，然而成本更加低廉、规模更大的使用化石燃料的蒸汽发电厂不久便将这些风电同行挤出了电力行业。

有一项值得一提的工作是 1919 年德国物理学家贝茨提出了关于理想风能获取机的理论，这一理论对于风能的利用和研发具有重要意义。贝茨的研究使风能获取领域取得了显著进展，并为后续复杂系统的研究和开发奠定了基础。

贝茨的理论基于流体力学的原理，主要探讨了风能在转子上的损失以及如何最大化风能的获取效率。他提出了一个基本原则：从风中获取的能量不可能超过其总能量的 59.3%。这个限制后来被称为贝茨极限。贝茨的理论揭示了风能转换的基本原理，并对风能领域的发展产生了深远影响。

在理论方面，研究人员对贝茨极限进行了进一步的探索和优化。他们利用数学模型和计算机模拟等工具，研究风能的提取过程，并提出了一系列提高风能利用效率的方法和技术。这些研究为风电的规模化和商业化奠定了基础。

苏联在 1931 年尝试制造了一种实用规模的风能转换装置。1935—1970 年期间，美国、丹麦、法国、德国和英国也建造了实验性的风能发电站。这些实验基地验证了大规模风电在技术上的可行性，但最终都没有能够为市场提供一种具有实用价值的大规模风电解决方案。然而，第二次世界大战以后在化石燃料短缺导致能源成本提高之际，欧洲一直在持续发展风电系统。

回顾 20 世纪 80 年代中期，市场对一种功率为 1～25kW 的为小型家用设备和农用机械提供电力的风电设备的需求开始显现。由于市场需求的增长和进一步拓展,互连风能发电站开始使用中型(50~600kW)风电设备。在 20 世纪 90 年代,美国加利福尼亚州在州政府相关经济激励政策的推动下,在当地建造了超过 17000 个风电机组,这数量超过当时世界全部风电机组的一半,这些风电机组的输出功率在 20~350kW 之间。在加利福尼亚州风电产业发展巅峰时期,这些风电机组的年度总发电量超过 3TW·h,装机容量超过 1GW,其最大输出功率足够为一座 30 万人口的城市提供电力。

在 20 世纪 80 年代末到 90 年代初,美国化石燃料界一方面强烈抵制风电产业,另一方面降低了提供给客户的能源产品价格,导致美国的风电市场发展速度减缓甚至呈现下滑趋势。在世界其他地方也出现了类似的情况。但是德国和一些北欧国家意识到使用风能作可再生能源的必要性,1973 年阿拉伯石油禁运促使这些北欧国家积极制定鼓励风电发展的政策,使得 20 世纪 80 年代与 90 年代期间,风电机组的安装量在这些地区呈稳定增长趋势。由于北欧国家电力成本相对比较高,风能资源丰富,在这些国家形成了一个规模虽小却相对稳定的风电机组市场,这些风电机组一部分是由个人或集体拥有,另一部分应用于小规模集中式发电系统。

1990 年之后,风电市场的发展重心转移到了欧洲与亚洲。在高电价的驱动下,荷兰、丹麦和德国的许多集体与资本家首先安装了 50kW 风电机组,然后安装了 100kW、200kW、500kW 风电机组,最后发展到安装 1.5MW 风电机组。这些令人惊讶的装机容量增长使得如今欧洲的总风电装机容量达到 240GW,同时也造就了风电机组制造产业的蓬勃发展。从 20 世纪 90 年代早期开始实施的固定电价机制(Feed-in Tarrif)政策是德国风电产业快速发展的一个关键因素,该政策的实施使得德国的风电规模在 20 世纪 90 年代初至 21 世纪初这段时间内增加了两倍。固定电价机制是由政府将可再生能源的发电成本和补贴分摊到消费者的电费中,以便获得足够的资金用于发展新的可再生能源系统,而风能在德国是一种天然可再生能源。

21 世纪初,在美国卡罗拉多州和得克萨斯州发起的绿色能源计划支持下,美国重新开始发展风电产业。一系列新的风能项目分别在得克萨斯州、北卡罗拉多州、美国中西部的北部地区以及加利福尼亚州实施。美国是一个拥有丰富风能资源的国家,其风电在 21 世纪虽然增长缓慢,但却保持了稳步上升的趋势。

根据美国风能委员会的报告,2021 年风电发电量占美国总发电量的 9.2%,装机总量达到 138GW。现在,风能提供了几乎足以供给 900 万美国家庭使用的电量。使用风能作为化石燃料的替代能源进行发电，美国每年可减少 5700 万 t 的碳排放量，这个量占电力产业碳排放量的 2.5%。位于得克萨斯州的罗斯科（Roscoe）风电场装机容量为 780MW，是目前世界上规模排名前列的风电场。依托这些新建的风电场，美国正稳步迈向其在 2030 年之前实现风电发电量占总发电量 20% 的目标。

英国在 2010 年秋天建成了当时世界上最大的近海风电场萨尼特（Thanet），该设施位于英国东南部沿海，耗时两年多才建造完成。萨尼特风电场装机容量为 300MW，足以为 20 万家庭提供电力。它拥有 100 个风电机组（每个高 114.9m，采用斯特林引擎），占地 35km^2。这些新安装的风电机组，使得英国风电总装机容量达到 5GW，足以为苏格兰地区所有家庭供电。截至 2022 年年底，英国 26.8% 的电能来自风电，实现了之前设立的可再生能源对于总电量贡献 15% 的目标。其中陆基风电占比 10.8%，海上风电占比 16%。英国政府声称将继续支持可再生能源产业发展。

智利及其他南美国家也宣布了开发可再生能源的重大计划，智利计划中的可再生能源主要是指风能。智利的经济严重依赖于需要大量消耗能源的矿物开采业，然而智利本身却没有化石燃料资源，需要从它的两个主要南美竞争对手玻利维亚和阿根廷进口大量天然气。通过开发水力发电项目，智利目前已能满足国内电力需求。然而对于在原生态河流中新增拦水大坝，智利国内出现了日益高涨的反对声浪，因为这些原生态河流不仅仅是智利生态旅游的主要资源，还是国家的骄傲所在。智利政府因此宣布了一项使用非常规可再生能源发电的重大计划。智利虽然缺乏化石燃料资源，但却拥有丰富的风能资源，尤其在其北部沙漠地区和太平洋沿岸。智利政府近些年启动了一系列旨在鼓励发展风电产业的重要政策，目前已达成 20% 的电力由风电产生。

风能作为最古老的能源之一，其产业在世界步入绿色工业革命时展现出了快速增长的趋势。世界风能协会的数据显示，截至 2010 年 6 月，全球风电装机总容量已经达到了 196GW，风电发电量占全球总发电量的 2.5%。80 个国家正在将风能作为商用能源进行开发，其中欧洲多个国家在 2009 年已经实现了一定的风电市场占有率。譬如，德国的风电市场占有率为 30%、英国为 15%；丹麦的风电发电量占总发电量的 20%，爱尔兰和葡萄牙的这一比例为 14%，西班牙为 11%，德国为 8%，荷兰、瑞典的占比也相当高。

尽管一些人对风电场在视觉上对人们产生影响提出批评，但是风能资源丰富、可循环再生、分布广泛、清洁干净、在生产过程中没有温室气体排放，因此风能确实是所有能源中对环境影响最小的可再生能源。近年来，风电技术出现了一些创新和突破。例如，超大型风电机组的研发和应用、风能存储技术的发展，以及在复杂地形和海上等极端环境条件下的风电等。这些创新继续推动着风能获取技术的发展，为未来可再生能源的开发提供了更多可能性。

　　建立大规模风电场并不是利用风能的唯一解决方案。目前，最新的风电技术已经进步到可以在小型社区中安装风电机组，甚至可以将更小的风电机组安装在建筑物屋顶，以利用风力资源。它也可以作为分布式发电的一部分进行并网。

　　随着风电机组建造技术的不断提升，风电效率得到了大幅提高，使得风能很快就成为一种价格合理且高效的发电方式。使用化石燃料的实际成本（包括采矿、提炼、运输和使用成本，同时包括环境影响成本与政治影响成本）难以确定，但实际成本数值一定比目前化石燃料能源的售价要高出许多。化石燃料资源的减少将会促使化石燃料能源价格飞速上涨，按照当前标准来看该价格将会是人们难以承受的。然而上述价格上涨因素中，还没有考虑使用化石燃料能源时日益增加的社会与环境成本。在此背景下，风能将成为重要的替代能源。

6.3.3　技术前景与发展趋势

　　1. 风电的技术前景

　　（1）风电及其前沿技术发展。

　　风能是一种广泛应用的清洁能源。目前，风电应用已经崭露头角。风能作为重要的能源来源，具有巨大的商机，成为传统煤、油、天然气之外的"新宠"。风电在实现碳中和目标方面发挥着重要作用，具备巨大的潜力。风电具有陆基风电、分布式风电和海上风电等应用形式，不仅为清洁能源的供应增加了新的选择，还促进了可持续发展和环境保护。风能与生态问题的相关情况已有研究，其结果相当乐观。详细情况可参照附录 B。

　　现对陆基风电、分布式风电和海上风电作简单讨论。

　　1）陆基风电。陆基风电是指建设在陆地上的风电设施。目前，全球范围内陆基风电已经取得了显著的进展。在中国，陆基风电已经成为主要的清洁能源之一，相应的发电能力也在不断提升。陆基风电在实现碳中和目标中起着重要作用，它帮助人们减少了传统化石燃料的使用，降低了温室气体的排放。

2）分布式风电。分布式风电是指将风电设施分散地布置在城市和乡村的建筑物、农田等地点，将电能直接供应给相应的用电负荷的应用形式。与传统的集中式电网相比，分布式风电具有更高的可靠性和灵活性。它不仅能为城市和乡村地区提供绿色能源，减少人类对传统能源的依赖，同时也减少了输电损耗。分布式风电的应用可以在较小的范围内实现碳中和，为实现环境友好型的能源供应和社会可持续发展作出贡献。

3）海上风电。海上风电建设在近年来迅速发展，它是指将风电机组安装在海上平台或浮标上，利用海风发电的应用形式。相比陆基风电，海上风电更具挑战性，但也带来了更多机遇。海上风能资源丰富，风速稳定，且海洋面积较大，能够承载更多的风电设施。海上风电具有更高的发电效率和更低的视觉影响，可以实现大规模的清洁能源供应。在实现碳中和目标方面，海上风电的占比不断增加，为减少化石燃料的使用和减少温室气体排放提供了有力支持。

2020 年，全球风电提供了近 1600TW·h 的电量，占全球发电量的 5% 以上，约占能源消耗总量的 2%。2020 年全球风电新增装机容量超过 100GW，主要集中在中国，全球风电累计装机容量超过 730GW。为了实现《巴黎协定》限制气候变化的目标，有分析表示，风电发电量应该以更快的速度增长，每年增幅应在 1% 以上。目前，风电的扩张仍受到化石燃料补贴的阻碍。

风电可以产生的实际电量是通过将额定值容量乘以容量系数来计算的，由于风速不是恒定的，风电场的年发电量永远不会超过发电机铭牌额定值与一年总小时数的乘积。一年中的实际发电量与这个理论最大值的比率称为容量系数。容量系数因设备和位置而异。风电装置的容量系数在 35%～44%。某些地点提供在线数据，容量系数可以通过年产量计算出来。

风能技术的发展已经取得了显著进展，包括风能发电机的效率提高、风电场的规模扩大、风能储存技术的改进等。目前，一些前沿研发工作正在进行中，以进一步提高风能的利用效率和降低风能的使用成本。其中包括新风电形式、风能储能技术，以及智能化控制系统。

1）新风电形式，譬如海上风电。它是一种新兴的风能利用方式，海上具有更高的风速和更稳定的风向，可以提高风能的利用效率。目前，一些国家已经开始在海上建设大型风电场，如英国、德国、中国等。

2）风能储存技术。风能储存技术可以将风能转化为电能并储存起来，以便在需要时使用。目前，一些新的能源储存技术正在积极研发和推广应用，诸如锂电池、压缩空气储存和水泵储存等。

3）智能化控制系统。智能化控制系统可以实现对风电场的实时监测和控制，提高风能的利用效率和可靠性。目前，一些新型的智能化控制系统正在研发中，如基于 AI 的控制系统、基于大数据的预测系统等。

总之，风电作为一种可再生能源技术，在实现碳中和目标中发挥着重要作用。通过建设和运营风电系统，可以减少人类对传统化石能源的依赖，并实现可持续发展的目标。未来，随着技术的进步和政策的支持，风电将在能源转型中发挥更加重要的角色。其发展方向将是智能化和低成本化，并且将专注于提高发电效率、降低成本、改善储存技术。

（2）混搭式能源的发展前景。

风电产生的电力会随时间发生波动，需要有足够的电能运行储备来应对负载波动和在大型化石燃料发电机组故障时提供电力供应，可以通过增加容量来弥补风电的变化。公用事业规模的电池储能通常只能用于平衡较短的时间尺度上的变化。

预测可再生能源的变化情况，并将其与其他可调度的可再生能源、灵活的燃料发电机和需求响应相结合，可以创建一个可靠地满足电力供应需求的电力系统。对可再生能源进行高水平整合正在逐渐从设想变为现实。

风能与太阳能往往互补。在天到周的时间尺度上，高压地区往往有着晴朗的天空和较弱的风，而低压地区往往天空多云，但风更强。在季节的时间尺度上，太阳能在夏季达到峰值，而在许多地区，风能在夏季较少，在冬季较多。因此，风能和太阳能的季节性变化往往会在某种程度上相互抵消。风能和太阳能的混合动力系统正变得越来越流行。

通常，传统的水力发电可以很好地与风电形成互补。当风力强劲时，附近的水电站可以暂时蓄水。当风力下降时，只要水电站有发电能力，它们就可以迅速增加产量以补偿风电。这能提供非常稳定的整体电力供应，几乎没有能量损失。在没有合适水电（抽水蓄能）配合的情况下，可以使用其他形式的储能甚至电网储能，如压缩空气储能和热能储存。这些储能可以储存大风期产生的能量，并在需要时释放。所需的存储类型取决于风渗透水平。低渗透水平需要日常存储，高渗透水平需要短期和长期存储——长达一个月或更长时间。

能源储存增加了风能的经济价值，因为它可以在需求高峰期替代成本较高的发电形式。这种盈利模式的潜在收入可以抵消储存的成本和损失。尽管抽水蓄能发电系统的效率仅为75%左右，安装成本高，但其低运行成本和降低所需电力基本负荷的能力可以节省燃料和总发电成本。

（3）可预见性。

对于任何特定的风电机组，风力输出在1h内变化不到10%的可能性为80%，在5h内变化为10%或更大的概率为40%。2021年夏季，英国的风能发电量因遇上70年来的最低风力而下降。当风电市场份额更大时，通过利用风能生产绿色氢气来平滑峰值可能会对解决风能的间歇性问题有所帮助。

虽然单个风电机组的输出可以随着当地风速的变化而迅速发生巨大变化，但随着越来越多的风电机组应用到越来越广泛的区域，它们的平均功率输出变得波动更小且更可预测。如果能够根据天气预报进行电力规划，人们认为，最可靠的低碳电力系统中风电将占很大比重。

（4）能源投资回收。

建造风电场需消耗一定能量，这可以通过风电场在其生命周期内产生电力来"偿还"，衡量这一过程的指标有能源投资回报率和能源投资回收期。风电场的平均生命周期约为20年。陆基风电的能源投资回收期通常约为1年。

（5）经济效益。

陆基风电是一种廉价的电力来源，电力成本比燃煤电厂和天然气电厂低。根据分析网站BusinessGreen的数据，21世纪初期在欧洲某些地区的风电达到了电网平价（风电成本与传统能源发电成本相同）。大约在同一时期，美国风电机组价格下跌继续推动了风电成本下降。

有人认为2010年欧洲已实现一般电网平价，原因在于资本成本预计将降低约12%。但是，西门子歌美飒首席执行官在同期提出市场警告：由于对低成本风电机组的需求会增加，叠加投入成本和钢铁成本居高不下，制造商的压力也会增加，利润率反而会下降。

从地理条件来看，欧亚大陆北部、加拿大、美国部分地区和南美的巴塔哥尼亚是建设陆基风电的最佳地区。而在世界其他地区，使用太阳能或风能和太阳能的组合能源往往成本更低。

（6）电力成本和趋势。

现在风电机组过长的叶片可采用分段式设计，先在工厂完成制造，然后在风电场组装，以减少运输困难。风电是资本密集型的，但没有燃料成本。因此，风电的电力价格比化石燃料发电的电力价格稳定得多。但是成本估算基于如下假设：每单位电力的估算平均成本必须包括风电机组和输电设施的建设成本、借入的资金、投资者的回报（包括风险成本）、估计的年产量和其他组件的成本；回收成本所需的时间可能会超过设备的预计使用寿命，即可能会超过 20 年。能源成本估算高度依赖于这些假设，因此公布的成本数据可能会有很大差异。

目前很多国家都对风电行业实施了补贴政策，因此风电行业可以通过降低边际价格，并最大限度地减少昂贵的调峰发电厂的使用，减轻消费者的负担。

随着风电机组技术的改进，风电成本降低了。同时，风电项目的资本支出成本和维护成本也在持续下降。Lazard 公司对无补贴电力的一项研究表明风电平准化度电成本在持续下降，但该下降速度相较以往显著放缓了。该研究估计新的风电成本为 26～50 美元/（MW·h）。现有煤电的成本中位数为 42 美元/（MW·h），核电为 29 美元/（MW·h），天然气为 24 美元/（MW·h）。该研究估计海上风电成本约为 83 美元/（MW·h）。

2. 风电市场发展趋势

风能作为一种零排放的能源，具备广阔的市场前景。随着全球碳中和的呼声越来越高，风能将成为实现碳中和的重要手段之一。根据国际能源署的报告，到 2050 年，全球风电装机容量将增加到 6.6TW，提供全球 40％以上的电力供应。风电的推广有助于减少人类对化石燃料的依赖，减少温室气体排放，同时也可以为经济增长和创造就业机会作出贡献。

风能可以应用于各种场景，包括城市、乡村，以及工业领域等。在城市中，风能可以用于供电、供热和供水等方面，如在高层建筑中安装小型风电机组，为建筑提供部分电力供应。在乡村地区，风能可以用于农村电网的建设和支持农业生产，如为农村地区提供电力和为水泵供水提供动力。在工业领域，风能可以用于工厂的供电和供热，如为工厂提供电力和蒸汽。

（1）全球风能发展情况介绍。

目前，风电技术的应用在全球得到了飞速发展。欧盟和美国是目前全球风电技术最为先进和产业发展最为成熟的地区和国家，它们已经在风电技术的核心部件，如风电机组叶片、变频器、液压控制系统等方面形成了相对优势。

据国际能源署发布的《2019 年全球能源与 CO_2 排放统计》报告，2018 年全球风电总装机容量达到了 591GW。其中，中国、美国和德国是全球风电装机容量最大的 3 个国家。预计到 2024 年，全球风电装机容量将增加超过 300GW，达到 900GW 以上。从 2019 年到 2030 年，全球风电装机容量将增加 1 倍以上，达到 1.2TW，风电发电量将占全球电力供应的 25% 以上。

风能作为一种清洁、可再生的能源，用它替代化石能源可以有效减少二氧化碳等温室气体的排放，从而对碳中和的实现起到积极的促进作用。同时，碳中和也为风能的发展提供了更多的机会和空间。例如，通过在风电场周围种植树木，可以进一步提高风电场的环保效益，促进风能的可持续发展。

为了推动风能的发展和实现碳中和，各国政府和各种组织机构纷纷制定了一系列促进和补助的政策措施。例如，欧盟在 2009 年推出了"20-20-20"计划，即在 2020 年把欧盟的温室气体排放量降低 20%、可再生能源占比提高 20%、能源效率提高 20%。此外，各国政府还通过税收优惠、补贴等方式鼓励企业投资风能和碳中和项目。例如，2015 年，中国政府实施了"绿色电力证书"政策，向符合条件的风电企业提供了一定的补贴。

在"双碳"时代，风能具有很好的市场前景。随着社会的进步和市场的发展，近年来风电已经崛起成为第四大能源且发展势头不减，蕴含着巨大的商机。同时，大力发展清洁能源已成为全球共识，世界范围内的清洁能源市场正在升温。总体来看，风能已成为一种广泛应用的清洁能源。从技术角度来看，未来风电的发展趋势将是朝着智能化和低成本化方向迈进，致力于改善风力发电效率、降低成本以及提升储能技术水平。随着时间的推移，风电将会成为清洁能源领域最具潜力和发展空间的技术之一。风电场照片如图 6-9 所示。

图 6-10 展示了陆基风电 2001—2023 年的新增装机容量变化。近 10 年来海上风电在总风电中的占比变得越来越大。譬如，在 2021 年，这个占比已达到 20% 以上。

风电场由于风能发电机占用的空间很小，因此可以在空地继续种植农作物或饲养牲畜，同时获得稳定的收入。风电行业正努力找出哪些研究领域需要更多关注以便扩大风电的使用。譬如，了解风如何通过一个风电机组与后

图 6 - 9　风电场照片

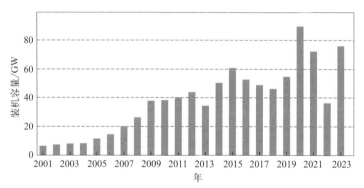

图 6 - 10　陆基风电 2001—2023 年的新增装机容量变化

面（顺风）的风电机组相互作用，评估验证新技术，并收集居住在风电场附近或使用风电机组的社区的反馈。风电机组不会释放排放物污染空气或水，它可以在对环境或附近居民生计的影响最小的情况下建造。

国际上近代商用风电机组发展的部分里程碑列举如下。

1）1970 年，美国国家航空航天局着手研发多个大型商用风电机组。

2）1980 年，由 20 台风电机组组成的世界首个风电场在美国新罕布什尔州（New Hampshire）建成。

3）1991 年，英国首个陆基风电场在康沃尔（Cornwall）建成，其由 10 台风电机组组成，为 2700 户家庭供电。

4）2003 年，英国首个海上风电场 North Hoyle 在威尔士（Wales）海岸建成。

（2）中国风电的发展现状及发展里程碑。

随着全球气候变化不断加剧，人们的环保意识不断提高，风能作为一种清洁、可再生的能源正受到越来越多的关注和重视。风电市场的发展与国家政策的关联性很大。

截至 2020 年，中国风电装机容量已经超过了 200GW，占全球风电总装机容量的 40% 以上。此外，中国在风电技术的研发和创新方面也有了不少成果，如在先进风电机组叶片材料的研发、智能化风电运维等方面，取得了显著的进展。

2005 年，中国政府颁布了《中华人民共和国可再生能源法》，明确了政府对可再生能源产业的支持和鼓励。其中，风能作为可再生能源的一种，得到了政府的大力支持。政府还出台了一系列的政策措施，如财政补贴、税收优惠等，以推动风电的研发和应用。

2020 年，中国明确提出了"双碳"目标，即于 2030 年前实现碳达峰，2060 年前实现碳中和。这一目标对于风电的研发和应用提出了更高的要求，带来了更大的挑战。

中国现代风电产业的起步较晚，国内风电技术的研发经历了多个里程碑性的事性，奇迹般地快速发展起来。现将中国风电发展过程中的一些重要里程碑性事件列举如下。

1）中国第一个风电试验场的建成。1979 年年底，中国与联合国开发计划署签订了风能发电试验项目，在浙江省建设了笠山风电试验场。

1981 年 3 月，一期两台总装机容量为 14kW 的风电机组正式投入试验运行，标志着中国风电开发和利用迈出了实质性的第一步。该试验场实际装机容量为 25kW，虽然规模较小，但标志着中国风电研发拉开序幕。

2）中国第一款自主研发的风电机组的问世。1981 年，笠山风电试验场增装了由浙江省电力修造厂（今浙江省电力设备总厂有限公司）自行研发制造的额定功率为 1kW 的国产风电机组一台和由该修造厂与清华大学电机工程系（今清华大学电机工程与应用电子技术系）共同研制的额定功率为 4kW 的风电机组一台。

3）中国第一款大型商用风电机组的并网研制成功。1986 年在山东半岛最东端的荣成市，中国第一座风电场——马兰风电场，正式并网发电。

4）中国大型、超大型风电机组的研制成功。2002 年，中国第一款大型商用风电机组——"金风 500kW"在辽宁省大连市研制成功。这个风电机组有

500kW 的单机容量，标志着中国在风电研发领域取得了新的突破。

2010 年，中国第一款超大型风电机组"海上风电 1.5MW"在上海研制成功。这台装机容量为 1.5MW 的风电机组代表着中国风电研发迈向了更高水平。

5）中国风电装机容量超越美国，位居世界第一。2010 年，中国的风电总装机容量就已经超过了美国成为世界第一。2015 年，中国风电装机容量达到了 145GW。这标志着中国已经成为全球风电研发的领头羊。在 2021 年，中国风电总装机量突破 300GW。在 2023 年，中国风能发电量达 8858.7 亿 kW·h，风电总装机量约达到了 430GW。

"双碳"目标下我国能源结构变化如图 6-11 所示（何伟，2021）。可以看出，风能在我国未来的能源结构中将占很大比重，是可再生能源的"领头羊"。2021 年 3 月 18 日，全球能源互联网发展合作组织举办中国碳达峰碳中和成果发布暨研讨会。根据会议提出的方案，中国需要加快推进能源开发清洁替代和能源消费电能替代，实现能源生产清洁主导、能源使用电能主导、能源电力发展与碳脱钩、经济社会发展与碳排放脱钩。预计到 2060 年碳中和状态下，中国能源结构中煤炭能源完全退出，太阳能（光能）占比 47%，风能占比 31%，分别占据中国能源结构前两位。

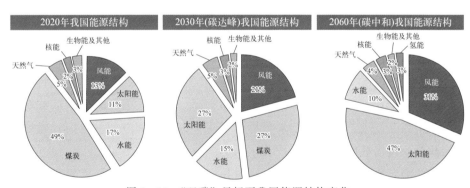

图 6-11　"双碳"目标下我国能源结构变化

此外，公众还非常关心风能与环保生态的关系。根据研究，利用风能可以减少人类对自然资源的过度消耗，降低碳排放，提高环境质量。详细的相关信息可参考附录 B。

6.3.4　讨论与结论

风能发电作为一种清洁、可再生的能源形式，具有减少温室气体排放和助力实现碳中和的重要作用。通过上文的分析，我们可以了解到风电正在世界范围内迅速发展并得到广泛应用。不过，风电仍面临技术、经济等方面的挑战。

纵观引领风能发展的关键因素，我们简单总结如下。

（1）技术创新。随着技术的不断进步，风电系统的效率和可靠性不断提高，风能的利用率不断提升。

（2）市场推动。政府的支持和市场机制的完善将进一步促进风电市场的发展，吸引更多的投资和参与。

（3）多能互补。风电将与其他可再生能源形式如太阳能、水能等相结合，形成多能互补的能源体系，提高供电的可靠性和稳定性。

风电机组的效率正在不断提高，成本在逐渐降低。现代风电机组采用了更先进的设计和材料，使得其转换风能的效率更高，同时输出更加稳定可靠。这些技术的进步使得风电成为一种可持续的能源选择。

尽管风电技术和产品在可持续性能源方面取得了显著的进展，但仍面临一些挑战。风电的可再生性受到风能资源的限制。风能资源的分布不均匀，有些地区的风能资源较为丰富，有些地区则相对较少。风电的可靠性和稳定性是一个挑战。由于风能的不稳定性，风电的输出会有所波动，这给电网的稳定运行带来一定的挑战。为了应对这一挑战，可以采用混搭式能源，以太阳能或水能与风能形成互补。

在全球提出碳中和目标的背景下，风电产业的发展前景很好，总结如下。各国政府和企业对风电的重视程度正不断提高。风电发展和碳中和的关系密切，两者相互促进，为可持续发展提供了更多的机会和空间。各国政府通过制定政策、提供补贴等措施，推动了风电产业的发展。为了进一步促进风电和碳经济的发展，我们需要加大对风电技术研发的投资力度，需要进一步提升风能在能源结构中的占比。需要加强政策协调，形成政策合力，促进风电和碳经济的协同发展。并加强技术研发和创新，提高风能在实现"双碳"目标中的效益和可持续性。加强国际合作，共同应对气候变化和环境污染等全球性挑战。

政府的政策扶持对于风电的发展起到了非常积极的推动作用。许多国家和地区正在加强对风电项目的规划和管理。通过制定相关的法律法规和标准，各国政府规范了风电项目的建设和运营，保障了其安全性和环保性；同时加强了对风电项目的监管和评估，确保其符合环保要求和可持续发展的目标。通过实行提供补贴和奖励、给予技术支持和加强规划管理等措施，政府鼓励和支持风电的发展，促进清洁能源的利用，为实现碳中和目标作出了重要贡献。

6.4　储能技术

6.4.1　储能技术概述

1. 储能技术的相关概念

储能技术是指以物理的或化学的方式将能量储存起来并在需要时再次释放能量的技术。常见的储能设备有蓄电池等。储能设备一般用于捕获产生的能量以供以后使用，以减少能源需求和能源产生之间的不平衡。能量有多种形式，包括辐射能、化学能、重力势能、动能、电能、高温或低温热能以及潜热等。能量存储涉及将能量从难以存储的形式转换为更方便或更经济的存储形式。

储能技术分类如图 6-12 所示。

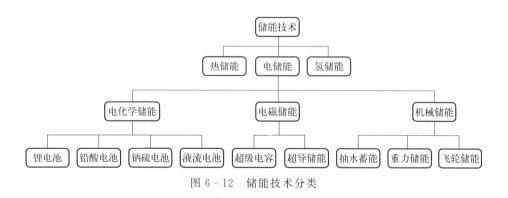

图 6-12　储能技术分类

一些技术可提供短期能量存储，而另外的技术可以存储更长时间。目前大容量储能设备以存储重力势能的水电大坝为主，包括传统的抽水蓄水大坝。电网储能是电网大规模储能的重要组成部分。

可充电电池是一种常见的储能设备。它能储存化学能，且易于将化学能转换为电能，并可用于便携式应用。目前，锂电池储能系统已经成熟，并处于市场主导地位。与此同时，压缩空气储能、液流电池储能、超级电容器储能等新型技术也在市场上不断发展壮大（李建林 等，2021；杨月 等，2019；杨裕生，2020；胡洋 等，2018）。

水电大坝能以重力势能的形式将能量储存在水库中。冰储罐可在夜间储存廉价能源（冻结的冰），以满足白天高峰期的冷却需求。就资本支出而言，来自电解水的绿氢是一种比抽水蓄能的水电或电池更经济的长期可再生能源储存手段。煤和汽油等化石燃料储存了生物体从阳光中获得的古老能量，这些生物后来死亡，被掩埋，然后随着时间的推移转化为化石燃料。食物是通过与化石燃料类似的能量转化过程制成的，它以化学能的形式储存能量。

在接下来的部分，我们将探讨不同类型的储能技术在实现碳中和中的应用。应用的技术包括化学储能、电化学储能和物理储能。同时，分析在储能技术实施中所面临的挑战，如技术成本、规模和环境问题。最后，展望未来的研究方向和发展前景，包括提高储能技术效率和降低成本、推动政策法规支持碳中和、加强跨学科合作和国际合作等。

2. 常见的储能技术

随着能源需求的增加和可再生能源的普及，储能技术变得越来越重要。现对常见的储能技术作如下简单介绍。

（1）热储能。

热储能是一种将热能转化为其他形式储存起来，并在需要时再次释放的储能技术。它包括热储石、热储盐和热泵等技术，通过收集和储存热能，可以实现供热、制冷和发电等多种应用。

（2）电储能。

电储能是将电能以不同形式存储起来，在需要的时候释放出来供电使用的储能技术。常见的电储能技术包括电化学储能、电磁储能和机械储能等。

1）电化学储能。

电化学储能是通过电化学反应将电能存储为化学能的储能技术。最常见的电化学储能技术是利用锂离子在正负极之间的嵌入和脱嵌来实现电能存储和释放，即锂电池。

① 锂电池。锂电池是一种常见的储能技术，具有高能量密度和长寿命的特点。它可以将电能存储起来，并在需要时释放出来供电使用。锂电池广泛应用于可再生能源发电站、电动汽车和储能系统等领域。

② 铅酸电池。铅酸电池是一种成熟且经济实惠的储能技术。它具有低成本、可靠性高的特点，应用于应急电源、不间断供电系统和太阳能储能等领域。

③ 钠硫电池。钠硫电池是一种高温储能技术，利用高温条件下的化学反应来存储和释放能量。它具有高能量密度和长寿命的特点，适用于大规模储能系统和电网调峰等应用。

④ 液流电池。液流电池是一种将电能储存在液体中的技术。它具有可扩展性强和循环寿命长的特点，适用于大规模储能系统和长周期储能应用。

2）电磁储能。

电磁储能是利用电磁场存储和释放能量的储能技术。常见的电磁储能技术包括超级电容和超导储能等，可以实现高能量密度和高效能转换。

① 超级电容。超级电容是一种具有高功率密度和长寿命的储能技术。它可以快速充放电，并在需要时提供高峰值功率输出，适用于瞬时能量需求较高的应用领域。

② 超导储能。超导储能是一种将电能存储在超导材料中的技术。它具有零电阻和高能量密度的特点，适用于高功率要求和长周期存储的应用。

3）机械储能。

机械储能是利用机械设备将能量转化为动能并存储的技术。常见的机械储能技术包括抽水蓄能、重力储能和飞轮储能等。它们可以将电能转化为机械能或重力势能，再在需要时转化回电能。

① 抽水蓄能。抽水蓄能是一种将多余电能用来抽水储能，并在需要时释放水流来发电的技术。它具有高效性和长寿命的特点，用于大型能源存储系统。

② 重力储能。重力储能利用高低地势差来储存和释放能量。它包括压缩空气储能和重力式水库等技术，具有可扩展性和可调度性强的特点。

③ 飞轮储能。飞轮储能利用旋转惯量来存储和释放能量。它具有高功率密度和可快速响应的特点，适用于需要快速响应能量需求的应用。

这些储能技术各具特点，适用于不同规模和使用场景。随着技术的不断进步和成本的降低，储能技术将在可再生能源、电网调峰和能源安全等方面发挥越来越重要的作用，为实现可持续和清洁能源的未来提供重要的支持。

3. 全面看待储能技术的发展

（1）储能技术发展与碳汇经济的关系。

储能技术与碳汇经济之间存在着密切的关系。储能技术作为可再生能源的重要补充，可以有效解决可再生能源的间歇性和不稳定性问题。它可提高能源利用效率，降低碳排放（蓝静 等，2022；Liu et al.，2010；Liao et al.，2017）。

据统计，全球储能市场规模从 2013 年的约 20 亿美元增长到了 2019 年的约 60 亿美元，年复合增长率达到了 20% 以上。目前，锂电池储能系统已经成熟，并处于市场主导地位。与此同时，压缩空气储能、液流电池、超级电容等新型技术也在市场上不断发展壮大。

（2）世界各国政策。

为了促进储能技术的发展和应用，各国政府纷纷出台了一系列政策鼓励措施，包括财政补贴、税收优惠、绿色电力证书等。以下是有关政策的一些典型案例。

1）美国。美国政府通过《能源政策法案》等法律法规，为储能技术的研发和应用提供了大量的财政支持。此外，美国还推出了"能源储备计划"，旨在通过储能技术提高能源供应的可靠性和稳定性。

2）欧盟。欧盟通过《欧洲能源市场设计法案》等法律法规，为储能技术的发展和应用提供了一系列的政策鼓励措施，包括财政补贴、税收优惠、绿色电力证书等。此外，欧盟还推出了"欧洲电池联盟"计划，旨在加强欧洲在电池和储能技术领域的研发和创新能力。

3）中国。中国政府通过《中华人民共和国能源法》等法律法规，为储能技术的发展和应用提供了大量的财政支持。此外，中国还推出了《"十四五"新型储能发展实施方案》等政策性文件，旨在加快储能技术的研发和应用，推动能源转型和碳减排。

（3）结论。

储能技术作为可再生能源的重要补充，已经成为全球能源转型的重要发展方向之一。总结上文所述内容，可以得到以下结论。

1）储能技术在碳汇经济中扮演着重要角色，它可以有效解决可再生能源存在的间歇性和不稳定性问题，提高能源利用效率，从而减少碳排放。

2）各国政府纷纷出台了一系列政策鼓励措施，为储能技术的发展和应用提供了大量的财政支持。这些政策鼓励措施包括财政补贴、税收优惠、绿色电力证书等。推动了能源转型和碳减排，为碳中和及可持续发展作出了贡献。

6.4.2　储能在电源供给中的应用及讨论

为早日实现"双碳"目标，中国正在大力发展新能源产业。储能技术可提高可再生能源消纳比例，保障电力系统的安全、稳定运行，减少弃风弃光率。因此，储能是促进新能源产业发展的关键技术。本节将从近几年风光产业发展现状出发，通过对弃风弃光的原因进行分析，介绍用于风光消纳的多种储能形式。本节强调电化学储能的重要作用，通过介绍研究团队针对不同实际情况所做的储能配套仿真，阐释不同功率和容量适配下的电化学储能用于风光消纳和调峰的效果。并且，将对所述方案的有效性与经济性进行权衡分析。

1. 背景描述

在现代大型电厂、电站中，储能技术至关重要。

近年来，中国可再生能源发电技术高速发展，装机容量逐年提升，获得了举世瞩目的进步。然而，由于可再生能源存在出力不稳定的缺点，出现了较为严重的弃风弃光问题。受限于电力系统最大传输电量和负荷消纳电量等原因，许多地方被迫弃风弃光，即停止使用相关风能、太阳能发电机组或减少其发电量。可再生能源难以消纳的原因主要集中在以下三点：区位因素、调峰因素、市场及政策因素。如何解决风能、太阳能等可再生能源并网消纳问题成为新能源发展的关键。

2. 弃风弃光现状

2022 年一季度，中国全国风电发电量为 1833 亿 kW·h，与 2021 年同期相比（同比）增长 6.2%；平均利用小时数为 554h。全国风电平均利用率为 96.8%，同比提升 0.8 个百分点，弃风电量约为 60 亿 kW·h。

2022 年一季度，中国全国光伏发电量为 841 亿 kW·h，同比增长 22.2%；平均利用小时数为 262h，同比减少 3h；利用小时数较高的地区为东北地区和西北地区分别达到了 374h 和 314h。全国光伏发电平均利用率为 97.2%，同比下降了 0.3 个百分点，弃光电量达到约 24 亿 kW·h。

2024 年，中国全国风电发电量为 9916 亿 kW·h，同比增长 16%；平均利用小时数为 2127h，同比降低 107h。全国风电平均利用率为 95.9%，同比下降 1.4 个百分点，弃风电量约为 407 亿 kW·h。

2024 年，中国全国光伏发电量为 8341 亿 kW·h，同比增长 44%；平均利用小时数为 1211h，同比降低 81h。全国光伏发电平均利用率为 96.8%，同比下降 1.2 个百分点，弃光电量约为 267 亿 kW·h。

随着可再生能源的发展，调峰能力不足成为弃风弃光的主要原因，国内部分省区弃风弃光的原因分析见表 6-2。在此背景下，如何合理利用储能解决新能源并网消纳问题成为可再生能源发展的关键。

表 6-2   国内部分省区弃风弃光的原因分析

省区	弃风原因				弃光原因			
	调峰能力不足		传输容量受限		调峰能力不足		传输容量受限	
	2015 年	2020 年	2015 年	2020 年	2015 年	2020 年	2015 年	2020 年
陕西	—	95.7%	—	4.3%	—	89.6%	—	10.4%
甘肃	52.1%	74.2%	47.9%	25.8%	39.6%	69.9%	60.4%	30.1%
宁夏	85.8%	94.2%	14.2%	4.8%	89.5%	96.6%	10.5%	3.4%
新疆	74.1%	92.3%	25.8%	7.7%	73.0%	90.1%	27.0%	9.8%
青海	—	96.5%	—	3.5%	69.8%	93.2%	30.1%	6.7%

3. 基于弃风弃光的风光消纳储能配套方案调研

储能系统可满足风电和光伏发电的能源消纳需求，提高能源利用效率，有效解决弃风弃光问题。适用于风光能源消纳的储能技术主要包括抽水蓄能、压缩空气储能、电化学储能、熔融盐蓄热的非补燃压缩空气储能、卡诺电池储能和电解氢联合燃料电池储能等。

国内现有的风光消纳储能系统大部分都采用电化学储能方式，主要以各类锂电池为主。电化学储能的响应时间为毫秒级，额定功率可达兆瓦级，循环效率最高可达 80% 以上。经过多年电化学储能的发展，电池的使用成本已大幅下降。自 2015 年以来，铅炭电池寿命延长了数倍，磷酸铁锂电池的寿命延长至万次，价格降到了几年前的 1/5。截至 2020 年年初，无论是锂电池还是铅酸电池，储能 1kW·h 的价格约为 0.3 元。

对于电化学储能容量规模和实际风光消纳需求的匹配问题，中国南方电网等单位的相关人员以大理高压直流变电站片区为例进行了研究。在弃风弃光功率曲线基础上，通过调整储能容量和储能变流器额定功率，模拟全年储能运行，储能容量和功率配置结果及弃风弃光消纳效果对比如表 6-3 所示。由表 6-3 可见，需要配置 250MW·h/100MW 的电池储能系统才能将弃风弃光总电量降低 51%，如需要解决绝大多数弃风弃光问题，需要配置高达 2000MW·h/250MW 的储能系统，但此规模已经超过目前工业界储能的最大装机规模，且经济性较差。因此，250MW·h/100MW 电池储能系统为可行的备选方案。

表 6-3　储能容量和功率配置结果及弃风弃光消纳效果对比

储能实际可用容量/(MW·h)	储能变流器额定功率/MW	储能配置前，年弃风弃光总电量/(MW·h)	储能配置后，年弃风弃光总电量/(MW·h)	弃风弃光降低比例	全年充放电循环次数
50	20	14882.78	12892.77	13%	39.80
50	50	14882.78	12735.43	14%	42.95
100	50	14882.78	11154.38	25%	37.28
100	100	14882.78	11044.67	26%	38.38
250	100	14882.78	7340.84	51%	30.17
250	250	14882.78	7051.32	53%	31.33
500	250	14882.78	3896.87	73%	21.97
500	500	14882.78	3801.20	74%	22.16
1000	250	14882.78	2277.96	85%	12.60
2000	250	14882.78	996.87	93%	6.94

对于电化学储能功率规模和实际风光消纳需求的匹配问题，华南理工大学等机构的相关人员进行了模型设计和仿真研究。该研究为考察电化学储能消纳风光与调峰的能力，结合碳排放权交易提出了弃风弃光的碳惩罚成本与峰谷差的碳惩罚成本概念，建立了各项成本最小的多目标协同优化模型，并基于比利时电力运营商发布的数据，设置了不同功率的电化学储能装置进行系统仿真。

仿真数据如图 6-13、图 6-14 和图 6-15 所示，添加储能装置可有效消纳风电，减少火电机组出力，这虽然会增加系统成本，但带来的火电机组运行成本的降低幅度更大，从而可以实现系统综合运行成本的降低。电化学储能装置在预测负荷低谷期充当负荷消纳风电，在预测负荷高峰期充当电源放电，充分体现出了储能装置对电网负荷的削峰填谷作用。

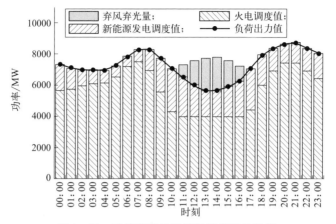

图 6-13　无储能装置系统风光消纳的数据

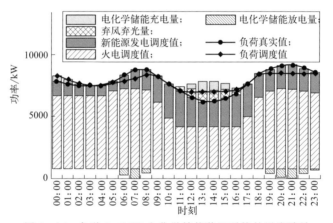

图 6-14　各种 800MW 电化学储能装置系统的风光消纳

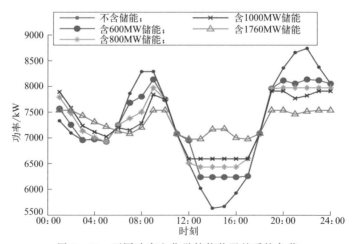

图 6-15　不同功率电化学储能装置的系统负荷

表 6-4 展示了不同配置功率电化学储能装置的弃风弃光率、峰谷差和经济调度成本。

表 6-4　不同配置功率电化学储能装置的参数

项目	储能装置功率/MW				
	0	600	800	1000	1760
弃风率	9.91%	5.56%	5.56%	4.70%	0
弃光率	27.50%	15.92%	9.74%	5.40%	0
峰谷差	35.45%	23.31%	19.25%	16.61%	7.40%
经济调度成本/万元	4434	4382	4361	4369	4454

总之，电化学储能装置功率达到 1760MW 时可实现零弃风弃光，但考虑全系统的经济性，系统宜配置 800MW 电化学储能装置，此时系统弃风率下降 4.35%，弃光率下降 17.76%，峰谷差缩小至 19.25%，能以最低成本合理地消纳风光以减少碳排放。

4. 小结

区位影响、调峰能力不足等问题是近年来弃风弃光的主要原因。配套风电和光伏发电能源建设的电化学储能电站可能是目前最适合消纳风光资源从而解决弃风弃光问题的方式之一。储能技术可以将可再生能源，如太阳能和风能等，转化为电能并储存起来，待供需平衡时再释放出来。通过应用储能技术，可以在能源系统中实现可再生能源的高比例利用。

储能技术对于实现"双碳"目标具有重大意义。成熟的储能技术、完善的标准规范体系以及有效的扶持政策、创新的商业模式、融资渠道等，是储能技术在电力系统发电、输电、变电、配电、用电各环节中大规模推广应用的必要条件。上述研究团队在不同情况下的仿真和论述证明了电化学储能消纳风光资源解决弃风弃光问题的可行性，但对于最大容量和功率配置仍需结合当地需求开展专门适配分析，以达到经济性与能源利用率的平衡。

6.4.3　储能技术案例——锂电池探讨

1. 锂电池介绍

储能技术为能源系统的可持续转型和智能电力网络的构建提供了重要的

解决方案。锂电池是一种相当成熟的储能技术,它是电化学储能的重要代表之一。锂电池在新能源相关领域的作用至关重要。

储能技术的发展极大促进了清洁能源和绿色能源的应用和普及。清洁能源如太阳能、风能、海洋能等是未来能源发展的主导方向,它们具有资源丰富和低碳排放的特点。由于具有间歇性和不可控性的特点,清洁能源在大规模应用方面面临一些挑战。而储能技术的应用可以帮助解决清洁能源的可靠性和持续性问题,进而推动清洁能源的应用和普及,助力实现碳减排和能源转型目标。

锂电池是一种高效、可再生的电化学储能技术。除可应用于大型发电厂外,它还可广泛应用于电动汽车、可再生能源储能等领域。随着锂电池等技术的不断发展,储能技术在碳中和领域的应用将会越来越广泛,为能源转型和可持续发展作出更大的贡献。

2. 锂电池工作的基本原理

锂电池的基本原理是通过锂离子在正负极之间的迁移来实现能量转换和储存。锂电池的工作原理示意图如图 6-16 所示。

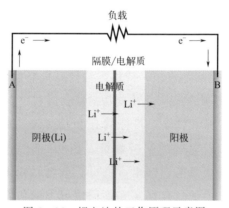

图 6-16 锂电池的工作原理示意图

锂电池具有高能量密度、长循环寿命、低自放电率等优点,因此被广泛应用于各个领域。

同类的电池储能技术有钠硫电池和铅酸电池等多种类型。这些电池通过输入电能进行充电,将电能储存起来,然后在需要能源的时候通过输出电能进行供电。电池储能技术已经具有成熟的技术和经济性优势,被广泛应用于电力系统的储能领域。

3. 应用案例及市场现状介绍

（1）电动汽车领域的应用。

锂电池在电动汽车领域的应用在中国很普及。电动汽车作为替代传统燃油汽车的重要手段，对于减少碳排放具有重要意义。锂电池作为电动汽车的主要能源储存装置，其高能量密度和长循环寿命使得电动汽车具备了较长的续航里程和使用寿命。锂电池的广泛应用推动了电动汽车的发展。而电动汽车的推广减少了传统燃油汽车的使用，推动了"双碳"目标的实现。

（2）可再生能源储能领域的应用。

可再生能源如太阳能和风能等具有间歇性和不稳定性的特点，因此需要一种高效的储能技术来平衡能源供需。锂电池作为一种高效的电化学储能技术，可以将可再生能源转化为电能并进行储存，从而实现能源的平衡和稳定供应。通过将可再生能源与锂电池储能技术相结合，可以帮助人类实现碳中和目标，减少对传统能源的依赖。

（3）环境影响与碳中和。

锂电池作为一种可再生能源储存技术具有很多优点，但其生产和回收过程会对环境造成一定的影响。如锂的开采和提取过程会对环境造成一定的污染，锂电池的回收和处理需要耗费一定的能源和资源。不过目前锂电池在市场特别是电动汽车产业的应用前景很好。

图 6-17 所示为不同车用车载锂电池及能量储存方式的比较。图 6-18 所示为车用车载锂电池领域及能量储存市场分布图。

除了锂电池之外，目前大规模应用的储能技术还有钠硫电池、液流电池。在钠硫电池方面，国内该领域仍处于发展初期，尚未形成大规模的生产和应用。近年来，钠硫电池市场经历了显著的波动，尽管市场规模有所下降，但随着技术成熟和成本降低，市场有望在未来几年内实现恢复性增长。

在液流电池方面，近年来科学家取得了显著进展，这种电池在安全性、循环寿命和储能时长方面表现出色。以锌铁液流电池为例，该技术采用储量丰富、成本低廉的锌和铁作为主要原材料，辅以本征安全的碱性水系电解液，具有天然不燃不爆的高安全性，使用寿命可超过 20 年，循环次数可达 2 万次以上，在大规模长时储能领域具有广阔的应用前景。另外，全钒液流电池是目前国内示范项目数量最多、规模最大的电池技术，具有安全环保、寿命长、

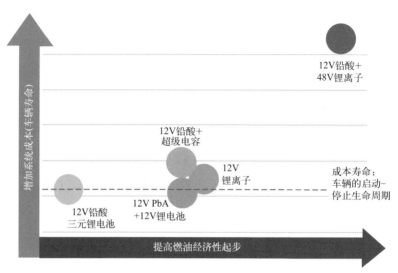

图 6-17　不同车用车载锂电池及能量储存方式的比较

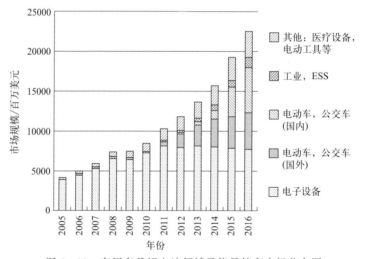

图 6-18　车用车载锂电池领域及能量储存市场分布图

可长时储能的特点。

4. 发展前景及总结

锂电池作为一种高效、可再生的能源储存技术，与实现碳中和密切相关。通过应用于可再生能源储能领域、交通领域和家庭能源领域，锂电池可以减少传统化石燃料的使用，平衡可再生能源供需，从而助力实现碳中和的目标。

不过，锂电池的应用也面临着一些挑战。譬如，锂电池的能量密度和循环寿命仍然存在一定的局限。此外，锂电池的成本问题也是一个重要的挑战，需要通过技术创新和规模效应来降低成本。总之，市场需要锂电池进一步提高其性价比。

6.5　氢燃料电池

因为全球气候变化加剧，所以减少碳排放已成为各国政府制定能源政策的核心目标。

氢燃料电池作为一种前沿的能源技术，正逐渐在全球范围内引发广泛关注。氢燃料电池技术的发展对于解决能源危机、减少环境污染、推动可持续发展具有重要意义（Shy et al.，2018）。它在交通运输、能源储备、工业生产等领域的应用潜力巨大，可以为我们创造更清洁、更可持续的未来。近年来，人们对氢燃料电池这种清洁、高效的能源技术越来越感兴趣。它以氢气和氧气为原料，通过电化学反应产生电能，同时释放出水蒸气作为唯一的排放物。氢燃料电池具有高能量密度、零排放、可快速充电等优势，被广泛应用于交通运输、能源储备和工业领域。氢燃料电池储能技术是图 6 - 12 中氢储能技术的一种具体案例。

本章节将主要探讨氢燃料电池的工作原理、技术挑战以及其在多个领域的应用前景，旨在为读者深入了解和探索氢燃料电池技术的发展提供参考。另外，我们将从碳中和的角度出发来探究绿氢能的实际应用及其在实现碳中和中扮演的角色。

6.5.1　工作原理及说明

氢燃料电池可将氢气与氧气通过化学反应产生的电化学能转化为电能。其工作原理是电解水的逆反应，将氧气和氢气分别供给阴极和阳极，分别进行还原和氧化反应，产生电子和离子，通过外部电路流动，最终输出电能和水。氢燃料电池工作原理如图 6 - 19 所示。

燃料电池不同于传统的电池，燃料电池消耗的反应物来自外部。只要保持反应物和氧化剂的流动，燃料电池便可以持续工作。在达到使用寿命后必须更换电池，但其寿命相当长。

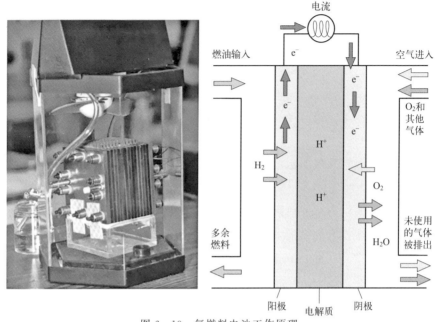

图 6-19　氢燃料电池工作原理

　　氢燃料电池技术起源于 19 世纪初。由于技术限制以及石油能源的竞争优势挤压，直到 20 世纪 80 年代，氢燃料电池技术才得到进一步的开发和研究。1839 年科学家威廉·格罗夫爵士（Sir William Grove）发明了第一个氢燃料电池。格罗夫知道电流通过水可以把水拆分成氢和氧，这个过程叫作电解。他假设，相反的过程可以产生电能和水。基于此，他发明了最原始的氢燃料电池，并叫它"气电流电池"（gas voltaic battery）。五十年后，科学家路德维希·蒙德（Ludwig Mond）和查尔斯·兰格（Charles Langer）创造了"燃料电池"一词。

　　燃料电池是一个由电化学反应腔室将燃料的化学能转换为电能的能量存储设备。燃料电池在它内部的腔室内通过燃料和氧化剂的反应发电，这种反应是由电解液的存在而触发的。不同于传统的电池，燃料电池更有可能是对环境无害的。反应物流入腔室，反应产物被分离后流出来，但是电解液仍然留在腔室里，电力由电解液提供。只要保持反应物和氧化剂的流动，燃料电池便可以持续工作。

　　粗略地说，1kg 氢的能量输出相当于 3.8L（约 2.8kg）汽油。然而，1kg 氢的生产成本是相当低的。通常机械传动的汽油内燃机的效率是 20%～30%，而氢内燃机的效率约为 25%～45%。具有电动混合动力传动系统的氢燃料电池车的效率可高达 55%，比现在的汽油内燃机汽车高 1 倍左右。氢气生产（通过天然气的蒸汽重整或电解水）效率约为 75%～85%，因此氢燃料电池汽车的净能源效率仍将是汽油内燃机汽车的 1.5 倍以上。并且氢的交易价格大约是 3 美元/kg，性价比不错。

　　更具优势的是，因为燃料电池通过电化学反应产生电能而无需燃烧，它们不受常规电厂法规的限制。这使得它们可以更有效地从燃料中提取能量。并且还可以对腔室产生的余热加以利用，进一步提高系统效率。

　　燃料电池的基本工作原理并不复杂，但制造廉价、高效、可靠的燃料电池被证明是很难的。科学家和发明家们设计了许多不同类型和尺寸的燃料电池，以求获得更高的效率。不过，他们可以选择的燃料电池会受到电解液的限制。例如，电极的设计和使用的材料取决于电解液。现在主要的电解质类型有碱、熔融碳酸盐、磷酸、质子交换膜和固体氧化物。前三种是液体电解质，后两种是固体。

　　燃料电池的类型取决于电解液。某些腔室需要纯净的氢气，因此需要额外的设备如"重整器"来净化燃料；有些腔室可以忍受一些杂质，但可能需要在较高的温度下才能有效地运行；液体电解质要在几个腔室中循环，因此需要一个泵。电解质的类型决定了一个腔室的操作温度。例如，"熔融碳酸盐"，顾名思义腔室要在高温下工作。某种类型的燃料电池与其他燃料电池相比既有优势又有劣势。没有哪种燃料电池已经足够便宜和高效，可以广泛取代传统的发电方式，如煤电、水电等。

　　一些燃料电池依赖化石燃料，这会严重降低其作为绿色工业革命技术的价值。在 2010 年美国电视新闻节目《60 Minutes》播出了一期关于使用天然气作为燃料的布鲁姆能源燃料电池（Bloom Energy fuel cell）的专题报道。虽然布鲁姆能源燃料电池有低碳排放和高效率的特点，但是它仍然使用化石燃料天然气并产生废气和微粒。布鲁姆能源公司制造了一款 100kW 的固体氧化物燃料电池，售价约为 70 万美元。除去补贴，布鲁姆能源公司声称其电池发电的成本为 9～11 美分/(kW·h)，这包括燃料、维护和硬件费用。布鲁姆能源公司的客户群主要是高科技和环境敏感企业，包括沃尔玛、谷歌和联邦快递。然而，由于布鲁姆能源燃料电池使用天然气发电，它仍然属于以化石燃料为基础的第二次工业革命系统。

　　燃料电池行业真正的目标是以氢为燃料制成电池，提供储能或供电，并使其性能达到可以完美取代汽油内燃机的程度。三十多年来，许多国际巨头及多个国家积极投入和推动该技术。譬如，美国能源部国家研究实验室一直在研究如何在运输、工业和家庭领域中使用氢燃料电池。

　　另外，氢燃料应该从可再生资源中生产获取。目前，氢气（相对于液态氢）并不是一个可行的能源资源。通过太阳能、生物质或电力资源生产氢气，其生产过程消耗的能量大于氢气燃烧所生产出的能量。然而，氢气的优点是它可以像电池一样用作能量载体。

　　氢气作为可能有经济规模的能量载体，已经被广泛讨论。在运输中使用氢气作为能源将使整个过程更为清洁，燃烧时虽有一些氮氧化物的排放，但没有碳排放。社会全面转向氢经济，相关基础设施的建设成本会很高昂。但是，如果只是在家里或工作场所使用氢能源，就可以通过利用水或其他可再生能源产生动力能源在电解槽中生成燃料电池所需的氢气。

　　现在常用的氢气的工业化生产方式主要是天然气的蒸汽重整，在较少情况下会使用能源密集的水电解法。然而，用水电解法和其他可再生能源生产氢气正在慢慢地获得一席之地。世界上许多进行绿色工业革命的国家，从2015年开始为车辆商业化供应氢能源，这与主要汽车制造商的全球市场营销时间计划相吻合。

6.5.2　氢燃料电池类型

　　随着人们对可再生能源需求的日益提升以及氢燃料电池技术的不断发展，目前氢燃料电池已成为清洁能源领域中的重要技术之一。现阶段氢燃料电池主要包括以下几种类型。

　　1. 聚合物电解质膜燃料电池

　　聚合物电解质膜燃料电池是一种高效、轻量、可快速响应的低温燃料电池。它以质子导体聚合物电解质膜作为电解质，在纯氧气或空气中使用氢气产生电能。聚合物电解质膜的选择和制备对提高电池性能和使用寿命影响巨大。

　　2. 固体氧化物燃料电池

　　固体氧化物燃料电池是一种高温燃料电池，其电解质是氧离子导体固体氧化物，通常是氧化钙、氧化锆或氧化镧陶瓷膜等。因为其在高温条件下运行，这种燃料电池可以使用多种燃料，如天然气、甲醇、硫化氢等。

3. 碳酸盐燃料电池

碳酸盐燃料电池是一种高温燃料电池，主要使用的燃料为天然气、甲烷、煤等。它的电解液是碳酸盐溶液，需要在高温和高压的条件下进行反应。也正因如此，碳酸盐燃料电池的生产和维护都相对复杂。

4. 甲醇燃料电池

甲醇燃料电池是一种低温燃料电池，其运行原理是将甲醇溶液经过氧化反应转化为氢气，再在聚合物电解质膜中发生反应产生电能。生产甲醇燃料电池时会产生水和二氧化碳，但二氧化碳排放量较小。

氢燃料电池技术在推动绿色工业革命中发挥着重要作用。科学家和供应商需要继续努力，以实现燃料电池作为替代石油和化石燃料的可行性。有了全球范围的支持和合作，构建一个基于氢燃料电池的能源系统可能很快就会成为现实。

6.5.3　绿氢能发展现状

从实现"双碳"目标角度出发，应该利用可再生资源生产氢。如果使用生物质、化石能源及电解槽方法生产氢，过程中还是会释放一些二氧化碳，因此可以通过风能、水能或太阳能发电来电解水产生氢。现在电解氢仍然昂贵，但加拿大和挪威的公司预测其成本将迅速下降。世界各地的许多公司正在开发固定式发电电解氢的系统（固定的能源发电设施如发电厂）。通过低成本电解槽和使用低成本、非高峰时段、可再生的电力，可以大大降低未来电解氢的成本。

氢气作为一种无碳排放、高能效的燃料正在逐渐受到关注。绿氢能是指采用可再生能源作为电解水的能源制备氢燃料的技术。目前人们主要采用化石燃料制备氢气，仍然会产生大量的二氧化碳排放。因此使用绿氢能技术，完全发挥其基于可再生能源制备、零排放的特性，正日益成为低碳经济发展的重要支持。

与传统氢气生产方式不同，绿氢能生产过程中不产生二氧化碳等温室气体，具有较高的能源效率和较低的环境风险。因此，绿氢能被认为是实现低碳经济和碳中和的关键所在。

绿氢能作为一种与能源转型关系密切的技术，扮演着以下三个方面的角色。

（1）作为一种清洁的能源储存方式，绿氢能可以为当前能源结构的转型提供支持。目前绿氢能主要通过储氢发挥作用。它作为一种清洁的能源储存方式，解决了可再生能源的波动性问题，为实现碳中和提供了支持。

（2）作为一种重要的能源转型方式，绿氢能通过推动可再生能源的发展，减少传统化石燃料的使用。生产绿氢能的能源主要有太阳能、风能和水能等可再生能源。使用上述能源生产绿氢能，可以推动可再生能源应用的普及，减少人类对化石燃料的依赖，因此具有重要意义。

（3）作为一种多领域的技术，绿氢能在氢燃料电池、交通运输、工业生产、热电、暖通空调系统，以及燃气管道等多领域产生了重要影响。氢燃料电池等领域的发展离不开绿氢能的供应，交通运输与绿氢能的融合日趋紧密，绿氢能将一步步扩展应用到更多的领域。

1. 绿氢能的多种应用领域

（1）车用燃料。目前，氢燃料电池汽车已经成为绿色交通领域的一种新型汽车技术。与传统的燃油汽车相比，氢燃料电池汽车具有能量密度高、零排放、安全性高等优点。因此，汽车制造商和政府部门正在积极推广氢燃料电池汽车技术。

（2）能源储能。可再生能源如风能、太阳能等可能会受到时空约束，例如，当太阳不会持续照耀或天气太恶劣时，太阳能收集的效率会明显降低。使用绿氢能进行能源储能是解决这个问题的有效途径，绿氢能可以直接对制氢过程进行控制，以便在不同的时间和地点灵活使用氢能。

（3）工业生产。绿氢能可以用于工业生产过程中的加热、焊接、氧化还原等。同时，绿氢能还可以用于制备氨、氮、甲醛等化工原料，以实现更为环保的化学生产过程。

（4）电力、热力供应。绿氢能可以替代气体和其他燃料作为电力、热力生成系统的输入源，实现更为环保的能源转换和利用。

2. 绿氢能在实现碳中和中的作用

绿氢能是未来实现碳中和过程中的重要组成部分。其作用主要发挥在以下三个方面。

（1）能源转型。绿氢能的使用可以有效地帮助人类实现能源转型，并促进能源的多元化。通过增加可再生能源的比例，绿氢能可以有效地减少化石燃料的使用，从而减少碳排放。

（2）减少碳排放。使用绿氢能可以大幅减少碳排放，对于实现全球气候治理具有重要的意义。绿氢能不仅可以用于替代化石燃料，更可以用于储能等环节，进一步减少碳排放。

（3）碳捕集。使用绿氢能不仅可以用于实现减排，而且可以用于在碳中和过程中进行碳捕集。特别是通过电化学二氧化碳还原技术，可以将二氧化碳还原为燃料，实现碳捕集和利用双重目标。

6.5.4　氢燃料电池汽车应用案例

2005 年本田公司出租了第一辆商业氢燃料电池汽车。2008 年该公司在日本建设了第一条氢燃料电池汽车的生产线，并将该汽车命名为 FCX Clarity。它由一个 100kW 的燃料电池堆、一个锂离子电池包（比之前的 FCX 汽车上的小 50%）、一个 95kW 的电机和 $3.5 \times 10^6 \mathrm{kg/m}^2$ 的压缩氢气储气罐驱动，可以连续行驶 434 千米。2011 年，FCX Clarity 仅在南加利福尼亚州出租，客户需要住在托伦斯（Torrance）、圣莫尼卡（Santa Monica）、卡尔弗城（Culver City）或尔湾（Irvine）的任意一个营业的加氢站附近。

几十款应绿色工业革命而生的氢动力汽车原型，已经在世界各地进行了道路测试。事实上，瑞典和挪威正在努力成为欧洲第一个建设运行公共氢公路系统的国家，该系统需要配备相应的氢燃料电池汽车和加氢站。一个叫氢瑞典（Hydrogen Sweden）的组织正在致力于推动氢作为汽车的绿色能源载体，并且正在开发一个公共加氢基础设施。氢瑞典成立于 2007 年，是一个非营利的组织，目前有 40 名成员，包括本田、宝马、沃尔沃、挪威国家石油公司（Statoil Hydro）、氢解决方案公司（H$_2$ Solution）、法国液化空气公司（Air Liquide）和艾瑞斯风能发电公司（Arise Windpower）等。

大多数的氢动力汽车使用氢燃料电池来发电，并通过电动机驱动汽车，少数使用以氢作为燃料的改进型内燃机为动力，还有一些使用氢的复合体存储氢气，在需要氢的时候产生氢来驱动汽车。大量资金正被投入对氢燃料电池的研究中，因为它被视为是最有前景的绿色汽车技术。

各大主要汽车公司都已开发了氢燃料电池汽车，他们正在计划从欧盟和日本开始进行市场推广。在美国，至少有九个主要汽车公司从 2015 年开始推出氢燃料电池汽车，但起初仅供出租而不出售。这项前绿色工业革命战略的出发点部分在于控制市场，同时对汽车的使用性能进行监测和评估，并重点关注汽车对加氢站的需求。现在这些汽车已被出售，并且在车主家里就有配套的加氢站。

氢提供了一种零排放的能源，其唯一的副产品是环境友好的少量水蒸气。现在的汽车燃烧化石燃料会排放二氧化碳、一氧化碳、氧化亚氮、臭氧和颗粒物等污染物。混合动力车及其他绿色能源车在很大程度上解决了这些问题，但氢动力汽车是唯一不产生任何污染的解决方案。据估计，化石燃料汽车每年排放约 50 亿 t 温室气体到大气中。如果将化石燃料汽车替换为氢动力汽车，将会在极大程度上缓解造成气候变化。

图 6 - 20 展示了氢燃料电池汽车加氢站的多种氢配备链设计。

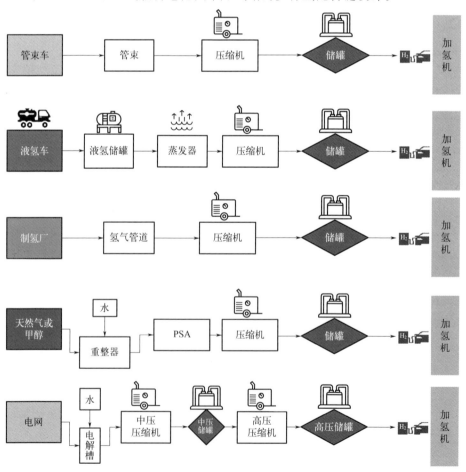

图 6 - 20　氢燃料电池汽车加氢站的多种氢配备链设计

6.5.5　氢燃料电池的进步及发展趋势

近年来,科研人员们正积极投入大量精力研究氢燃料电池,这种清洁高效的能源转换技术受到广泛关注。现将其主要优势、应用领域、技术研发方向、发展趋势总结如下。

1. 主要优势

(1) 零排放。氢燃料电池的唯一排放物是水,不会产生二氧化碳等有害气体,对环境无污染。

(2) 可再生。绿氢能可以通过水能、太阳能、风能等可再生能源生产,具有可持续性。

(3) 高效性。氢燃料电池的效率高,可以达到 70% 以上,比传统内燃机的效率高出很多。

(4) 储存性。氢气可以在压缩或液化后储存,便于运输和使用。

2. 应用领域

(1) 交通运输。氢燃料电池汽车作为零排放的交通工具,具有长续航里程和可快速加氢的优势,预计在未来十年内将得到更广泛的应用。

(2) 能源储备。氢燃料电池可以作为能源储备和调峰的手段,为能源系统提供灵活性和可持续性。

(3) 工业生产。氢燃料电池在工业生产中也具有很大潜力,可以为工业生产过程提供清洁能源,减少环境污染。

3. 技术研发方向

(1) 燃料电池堆技术。科研人员正在致力于提高燃料电池堆的效率和稳定性,实现更高的能量转换效率和更长的使用寿命。

(2) 氢气储存技术。科研人员在氢气储存方面进行了大量的探索,包括高压储氢、吸附储氢和化学储氢等技术,以提高氢气的储存密度和安全性。

(3) 系统集成技术。科研人员正在致力于将氢燃料电池与其他能源相结合,实现能源的高效利用和系统的智能管理,以满足多个领域的需求。

4. 发展趋势

(1) 成本降低。随着技术的进步和规模效应的发挥,氢燃料电池的成本将逐渐降低,更具竞争力。

（2）基础设施建设。随着氢燃料电池的推广应用，相关的加氢站和氢气供应链等基础设施建设也将逐步完善。

（3）政策支持。各国政府将继续出台支持氢燃料电池技术发展的政策和法规，为其应用提供良好的政策环境。

氢燃料电池及其应用在未来十年内将呈现出快速发展的趋势。其技术的进步、应用领域的拓展以及政策的支持将推动氢燃料电池技术成为能源转型的重要选择。它将在交通运输、能源储备和工业生产等领域发挥作用，具有广阔的应用前景。

氢燃料电池是促进绿色工业革命的重要组成部分。它提供了一种可以取代化石燃料的替代方案。因此得到了全球范围内的支持，各国政府也积极推动其发展。我们相信，以氢燃料电池为基础的能源系统将在不久的未来变成现实。

6.5.6　讨论和结论

绿色低碳已经成为全球关注的热门话题。氢经济在实现碳中和中占据重要地位。氢燃料电池已被商业化应用于车用燃料、能源储能、工业生产、电力和热力供应等领域。如果经济和价格因素适宜，氢能的发展条件就会更为有利，市场份额也将大幅提升。

展望未来，我们有望获得绿色低碳的氢能源，并将其推广应用。这不仅能开启一种生态友好的新生活方式，还能为环境、经济和人类健康带来重大的积极影响。为了让氢燃料电池成为一种具有实用性的替代能源生产方式，我们还有很多工作要做。目前存在着技术挑战、成本问题和基础设施建设等难题，需要各方共同努力。人类需要加强合作与创新，共同推动氢燃料电池技术的进一步发展和应用。

在此我们建议政府部门从政策层面出发加强对氢燃料电池技术研发的激励，加强与企业和研究机构的合作，推动氢燃料电池的发展和应用。具体建议简单列举如下。

（1）加强技术研发。氢燃料电池作为一项刚刚开始发展的新兴技术，需要加强技术研发，提高制备效率。政府部门可以加大对相关技术的研发和支持力度，以推动氢燃料电池技术的发展。

（2）政策激励。政府可以制定财政资助等政策，鼓励企业进行氢燃料电池的生产和应用。同时，建立氢燃料电池市场监管机制，促进氢燃料电池产品竞争力的提高。

6.6　生物燃料利用综述

6.6.1　概述

1．概念

生物燃料是一种将生物质材料（如植物、动物废弃物）转化为可燃气体、液体或固体燃料的绿色燃料。它是一种可再生能源。它可以替代传统的化石燃料，减少人类对有限资源的依赖。

2．分类

生物燃料可以分为三种主要类型：有机气体、生物液体燃料和生物固体燃料。

（1）有机气体。包括有机甲烷（沼气）等。有机气体是生物质经过厌氧发酵产生的，可以用于发电、加热和燃料电池等应用。

（2）生物液体燃料。包括生物乙醇、生物柴油和生物航空煤油等。这些燃料是生物质经过发酵、酶解或合成过程生成的，可以替代传统的汽油、柴油和航空煤油。

（3）生物固体燃料。包括生物质颗粒和生物炭等。这些燃料是生物质经过压缩、热解或炭化处理得到的，可以用于加热、发电和工业生产等领域。

3．优缺点

生物燃料的优点包括可再生性，生物质可以源源不断地生长和生产；它对环境友好，生物燃料的燃烧过程释放的二氧化碳可以被植物吸收，形成一个碳循环；它可减少人类对有限化石燃料的依赖，有助于能源安全和可持续发展。它能降低温室气体排放，对气候变化有积极的影响。

然而，生物燃料也存在一些缺点。它需要大量的土地、水资源和能源来生产和加工生物质；生产过程可能会引发土地、水的污染以及化肥过度使用导致的土地退化；生物燃料的产量和能量密度相对较低，需要投入更多资源来获得与其他能源相同的输出。

4．作用

作为绿色燃料，生物燃料在现代社会中发挥着重要作用。

（1）可再生能源。生物燃料是一种可再生能源，可以减少人类对有限化石燃料（如石油、煤炭）的依赖，降低碳排放，推动可再生能源转型。

（2）温室气体减排。生物燃料的燃烧过程释放的二氧化碳可以被植物吸收，形成一个碳循环，降低温室气体排放，对气候变化有积极影响。

（3）能源安全。生物燃料的使用可以减少国家对进口化石能源的依赖，提高能源供应的稳定性和可靠性，增强能源安全。

（4）农村经济发展。生物燃料生产过程中产生的废弃物和副产品可以用于农村经济发展，创造就业机会，提高农民的收入水平。

（5）废物处理。生物燃料可以利用农业和农村废弃物，减少废物的排放和对环境的污染。

6.6.2　应用

生物燃料可应用于多个领域，列举如下。

1. 交通运输

生物燃料可以替代传统汽油和柴油，在汽车、船舶和飞机等交通工具中使用。生物乙醇和生物柴油是最常见的生物液体燃料，可以降低交通运输的碳排放，减缓温室气体的累积。

2. 电力供应

生物燃料可以用作发电厂的燃料，提供可再生的电力供应。有机气体和生物固体燃料可以直接燃烧发电，而生物液体燃料可以用于内燃机或燃气轮机产生电力。

3. 城乡生活

生物燃料可以用于取暖、烹饪和照明等方面，满足家庭和社区的能源需求。有机气体和生物柴油可以用于生活燃气和家用发电机，生物质颗粒可以用作壁炉和锅炉的燃料。

4. 工业应用

生物燃料可以用于满足工业生产过程中的能源需求。有机气体可以用于加热和发电，生物质颗粒可以用于炉窑和锅炉的燃料，生物柴油可以用作润滑油和添加剂等。

5. 农业废物处理

生物燃料可以有效回收利用农业废物、农作物秸秆等农业废物，减少废物的堆积和排放，实现农业废物资源化和能源回收。

综上所述，生物燃料作为绿色燃料，在实际应用中具有重要价值。随着人类对可再生能源和清洁能源的需求不断增加，生物燃料将继续在能源领域发挥重要作用，为人类社会的可持续发展作出贡献。

6.6.3　原理说明及讨论展开

生物燃料可作为绿色工业革命的过渡能源。尽管采用可再生能源是最终目标，但作为权宜之计，也需要过渡性的替代能源资源。生物燃料可以燃烧，使用方法类似于化石燃料，但由于生物质在生长过程中吸收二氧化碳，生物燃料可被认为是碳中性的。从玉米或甘蔗中提取的乙醇是生物燃料的一个典型示例。因为从玉米中生产乙醇消耗的化石燃料能量，与乙醇产生的能量大致相当，所以用它来替代汽油并无实际益处。但用甘蔗生产乙醇比玉米更有效率，因此在巴西已经得到广泛应用。

生物燃料两个最有前途的种类是藻类生物燃料和生物乙醇。虽然两者都必须通过燃烧来产生能量，但它们作为汽油和柴油的替代品，明显比化石燃料更清洁，并且可以以可持续的方式生产。

1. 作为一种生物燃料源的藻类

藻类是一种简单的生物，是有化石记录的最古老的生物之一，其历史可以追溯到 30 亿年前的前寒武纪时代。美国国家植物标本馆的藻类收藏展出了近 300000 个标本，涵盖了从单细胞生物体到大型植物的各种藻类，如长到 45.7m 长的巨藻。藻类的优点在于它们能进行光合作用且结构"简单"，它的组织不像陆地植物那样分化成许多不同的器官。

藻类具有比玉米短 30 倍的生长周期，以及很容易被转变成藻油（一种绿色、黏稠的植物油）的性质，这一性质使得科学家和研究人员格外兴奋。这种藻油很像其他植物油，可以燃烧和用于替代基于碳的柴油或基于玉米的乙醇。严格意义上讲，燃烧藻油或其他生物燃料并不减少大气中的二氧化碳，因为任何藻类从大气吸收的二氧化碳会在生物燃料燃烧时又返回大气。然而，它可以通过减少化石燃料的使用而减少新的二氧化碳排放。

藻油有许多吸引人的特点。藻类便于在不适宜农业种植的土地上生长，可以使用海水和废水进行生产，因此并不影响淡水资源。它们可以生物降解，即使发生泄漏对环境也是相对无害的。

从目前的生产成本看,藻类比其他生物燃料作物如玉米更昂贵,但从理论上讲,其单位面积产生的能量要大 10～100 倍。一家生物燃料公司声称,藻类在两辆车的车库大小的面积内产生的油,比大豆在一个足球场大小的面积上产生的油还多,这是因为藻类几乎全身都可以利用太阳光生产油。美国能源部估计如果用藻类生物燃料取代美国所有的石油燃料,将只需要 $38800km^2$ 的耕地,这只是美国总耕地面积的 2.3%,少于美国目前用来种植玉米地域的 1/7。美国藻类生物质组织(The Algal Biomass Organization)声称如果藻类行业能够获得生产税信用支持,那么藻类生物燃料的价格将可以与石油相当。

尽管很多针对藻类的研究要么把重点放在了将藻类作为食品,要么放在了将藻类作为车辆的过渡性燃料上,仍有一个加拿大水泥厂发现了藻类的一种独特的应用方式。安大略省的圣玛莉水泥厂(St. Marys Cement plant)使用附近泰晤士河的藻类吸收二氧化碳。工厂的环境经理马丁·付若富(Martin Vroegh)说,这个藻类项目被认为是世界上首次证明藻类可以从水泥厂吸收二氧化碳的案例。

通过这一过程,圣玛莉水泥厂将二氧化碳变成一种商品而不是一种负担。吸收二氧化碳的藻类会不断被收割,再用工厂的废热来烘干,然后作为燃料在水泥厂的窑里烧掉。此外,藻类产生的黏性的油还可以用作工厂卡车车队的生物燃料。

藻类可以用于生产蔬菜油、生物柴油、乙醇、生物汽油、生物甲醇、生物丁醇和其他生物燃料。藻类有极大潜力用于生产各种产品,包括喷气飞机燃料、皮肤护理产品及食品添加剂等。藻类生物燃料在大规模生产方面的潜力很大,因为每个单位面积藻类每年可以比任何其他原料生产更多的藻油。基于藻类生产生物燃料,在大约 10～15 年的时间内,应该就可以达到盈亏平衡点。

2. 来自植物的绿色工业革命燃料

生物学、化学和现代代谢工程学领域中一些最顶尖的科学家们正在开发有益微生物,这些微生物可把简单植物分解为淀粉和糖,并最终转化为清洁燃料。

科学家从植物脂肪酸和动物油脂中生产燃料和化学品的历史,已经有一个多世纪了。现在他们希望合成的微生物可以经济高效地降解坚固的植物材料(如木屑和植物秸秆),并提取出单糖以便可以轻松地转化为燃料。在美国,厄巴纳(Urbana)的伊利诺伊大学和加利福尼亚大学伯克利分校,共同承担了一个历时 10 年,总投资 5 亿美元的藻类和其他生物燃料开发项目。

总之，科学家们正在设计、制造可以生产燃料的微生物，而农民和农业专家们正在开发生产生物燃料所需的廉价植物。

3. 商业化新兴技术

真正具有创新性的技术不能单依靠科学家自己完成创造，而是需要借助更多资源来完成变革性的突破。当今的资本市场太过庞大和复杂，无法通过传统手段支持这些非凡的绿色工业革命技术。这些技术要实现商业化，就需要政府提供从研究、发展到公共融资阶段的较长期的激励机制支持。例如，商业供电公司需要在有政府支持新能源技术，确保成本能够回收的情况下才能有技术返利，这样新能源（电力）才能以合理的价格供应大众市场。

随着科技的进步和创新的推动，碳中和智慧能源成为各行各业的关注焦点。通过智慧电网、能源存储技术、智能建筑等手段，可以实现能源的高效利用和碳排放的降低。随着技术的不断进步和创新的推动，相信这些新兴技术将在未来发挥越来越大的作用，助力建设更加绿色、低碳和可持续的社会。这些领域的商业化发展将为企业提供广阔的市场和利润空间，同时促进可持续发展和环境保护的目标的实现。

自第二次世界大战结束以后，各工业国都纷纷使用政府的研究和开发资金助力从柴油燃料到互联网等各类新技术的商业化。

政府奖励、减税甚至政府采购等政策都对新技术的商业化至关重要。各国政府还可以通过法规和标准协助引进新技术。如今，快速通信和减缓气候变化领域取得的技术进展都与政府的法规制定和监督管理有关。世界各国应该用它们自己独特的方式促进和支持这些新兴行业。

公私合营可以创造新的行业和工作岗位。例如，加利福尼亚州为了在 20 世纪 90 年代初期推出零排放车辆条例，就采用了公私合营的方式；该条例于 1993 年将重点放在发展电池驱动的汽车上。

把生产要素转换成市场与产业链并不容易，这需要对所有要素进行完整的垂直整合。例如，如果要为调光镇流器照明技术开拓广阔市场，就需要培训数十万人的销售和安装人员，并通过提供奖励措施以吸引顾客。然而，从目前的照明技术转换为使用绿色工业革命新一代技术——发光二极管、调光镇流器和需求响应技术将大大降低能源成本。

尽管这些技术进步令人印象深刻，但人类对化石燃料的依赖却阻碍了它们成为主流能源。只有通过必要的市场转变，这些具有变革性的创新才能够充分发挥潜力，从而改变人类获取能量的方式。

第 7 章　智慧电网构建可持续社区和生活方式

智慧电网又称为智能电网，它是一种基于先进通信和信息技术的电力系统。它将传统的电力系统与信息通信及数字化技术相结合，实现了电力的高效、可靠、可持续供应，并提供了更多的智慧化服务。它能提高电力系统的可靠性和稳定性，降低能源消耗和环境污染，提供更多的能源选择和灵活性等。

智慧电网由多个部分构成，包括智能电能表、智慧电网管理系统、分布式能源资源、能源储存系统等。这些组成部分通过互联网和通信网络相互连接，在社区形成一个智能电力系统。

如今世界上 80 多亿的人口有一半以上生活在城市，并已形成城市化趋势。人口的城市化主要是过去的工业革命的结果。如果这种趋势持续到 21 世纪中叶，那全世界将有 68％的人口（约 66 亿人）居住在城市。目前仅中国就已经有十多个常住人口超过 1 千万的城市和地区。根据联合国统计数据，1975 年世界各地人口超过 1 千万的特大城市仅有 5 个，到 1995 年特大城市的数目已增加到 14 个。到 2015 年，这一数字又增加到 26 个，而其中至少有 2/3 的特大城市或地区位于中国。到 2023 年，这一数字进一步增加到 45 个，而其中有一半特大城市或地区位于中国和印度两个国家。

可持续社区最早出现在欧洲（德国、丹麦和荷兰）和日本，这与应对 20 世纪 70 年代中期的阿拉伯石油禁运事件有关。这些国家在历史上就曾将风能发电作为可再生能源的主要来源，因此他们就很快接受了可持续社区。随后，可持续社区出现在北欧多个国家，这是因为它们意识到了北海的石油不会持久。

如今，大型风电场和生物质发电厂星星点点分布于英国。在欧盟的推动下，西班牙、意大利和其他欧洲国家也开始采取政策和推出政府计划，来推进可持续社区和绿色能源的建设，以谋求环保和经济领域的效益。

可持续社区与相应的社会活动结合起来，就能为经济的发展和就业创造机会。早在 20 世纪 80 年代，联合国大会便认识到环境问题是全球性的，随后建立了符合所有国家共同利益的可持续发展的目标。联合国的世界环境与发展委员会于 1987 年将可持续发展定义为既满足当代人的需求，又不损害后代人满足其需求的能力的发展。该术语描述了一个社会经济与自然资源是如何相互作用的。以地区为单位解决大型的全球性问题，能够为本地催生新的创新型企业和机会，提供了强劲的商业动力，有利于实现可持续发展。

以智慧电网连接可持续社区将对未来的生活方式产生深远影响。它可以实现能源的高效利用和管理，促进可再生能源的发展和应用，提供更多的能源选择和灵活性，推动社区的可持续发展。

智慧电网在可持续社区中有广泛的应用。它可以实现对能源的智能监测和管理，包括电力的实时监测、能源消耗的分析和预测等。智慧电网还可以实现对分布式能源资源的集成和管理，包括太阳能、风能等可再生能源的接入和利用。此外，智慧电网还可以支持电动汽车充电设施的建设和管理，促进电动交通的发展和普及。

7.1　智慧可持续发展

建立可持续社区是一个相当复杂的任务。可持续社区也是解决关键性基础设施建设的组元，涵盖能源、交通、水、废物、电信及其他领域。它利用公共政策来制定目标，以减少温室气体排放；同时设置阈值把关，并坚持可再生能源发电的基准要求。新兴技术为实现可持续发展提供了重要的工具。新的可再生能源技术的发展不仅可以节省宝贵的资源（特别是电和水），还可以催生更多的创新方法。譬如当有新产品进入市场时，可以在资源最为有限的地方改造系统。

下文将介绍一个很好的实例。

克林顿基金会从全球的角度着眼，在 21 世纪初推动了 C40 城市气候领导联盟（简称 C40）的建立，提供了具有首创性的特大城市计划。该计划曾经是一个独立的市政府计划的一部分。

C40 与世界各地的城市合作，以减少温室气体的排放。每个参与的城市需要遵守被公认为可持续性的全球标准。通过公共政策制定目标（通过居民的信念体系、价值观念及其行为的检验），减少温室气体的排放。

C40 是一个旨在应对全球气候变化的城市领导人网络，由全球城市之间的合作组成，致力于通过共享经验和实施创新解决方案，减少温室气体排放和增强城市的可持续发展能力。在这个网络中，C40 首创了特大城市计划，旨在推动世界各地的城市提高环保意识、采取行动，以减少对气候变化的负面影响。

根据 C40 的官方数据，目前已有 4700 多个城市根据 C40 特大城市计划的标准采取了行动。这些城市在多个方面展开了工作，包括建设低碳交通、改善能源效率、提供可持续的建筑和基础设施等。通过在这些领域的努力，这些城市正为应对全球气候变化的挑战作出积极的贡献。

C40 特大城市计划的首创性在于其着重从城市层面出发应对气候变化。城市既是全球温室气体排放的主要来源，也是受气候变化影响较为显著的区域。因此，通过集中精力支持城市的减排和可持续发展工作，C40 特大城市计划有望在全球范围内产生深远的影响。

C40 与各国政府和其他利益相关方保持着密切联系，共同努力推动相关政策的制定和行动开展，以实现持久的、全球范围的减排和可持续发展目标。气候变化是一个全球性问题，必须通过国际合作来解决。

总而言之，C40 为应对全球气候变化的挑战提供了一个重要的平台。特大城市计划为全球各地的城市提供了一个目标和标准，鼓励它们在减少温室气体排放和促进可持续发展方面采取行动。

可持续发展意味着大量使用可再生能源，并保证为人类提供长期稳定、源源不断的能量供应。目前可再生能源技术快速发展，已具备一定的经济竞争力。在可持续发展进程中大量可再生能源技术得以应用，包括风电、光伏和太阳能光热利用技术等，其中风电具有良好的环境保护和经济意义。

清洁能源技术是指生产和更有效地使用能源或其他原材料，并由此显著减少废物或污染物毒性的技术。目前人类已经开发了不少清洁能源技术，如风电、光伏电池、太阳能光热发电、太阳能采暖等，并且科学家和工程师们还在继续寻找可行的清洁能源技术取代目前传统的能量生产方法。很多清洁能源是可再生能源。即使它们单个的输出功率有变动幅度，也可以通过将多个可再生能源集成到电网系统形成互补。例如，研究显示风光互补在电网中有相当好的兼容性。

地球从不缺乏能量供应，太阳辐射到地球表面的能量功率高达170000TW。虽然大部分的太阳能不能被人类利用，但是只要 0.01% 的太阳能就足以满足当今世界的能源需求。人类应对能源挑战展现的决心和付出的努力催生了绿色工业革命，它是人类针对商业和社会效益做出的巨大投入。

智慧电网是能源产业的远景。智慧电网以互联网为载体，以激活的系统神经网络进行确定、响应，并控制消费者所需要的功率。网络控制系统在全部联网范围内分配能源，管理能源流协议，但只在系统周边区域进行分配及过程控制。例如，数据响应由网络控制系统管理，所需电力从电源模块中分配获取并使用。

建设智慧电网成为发达国家所面临的重大挑战，是非常重要的电网升级和能源管理基础设施的提升。目前传统电网限制了可再生能源技术的有效利用，形成了一个全面利用可再生能源（如应用级太阳能发电系统）的瓶颈。传统电网大大影响了人类对可再生能源发电进一步的投资。智慧电网可使可再生能源被充分利用。

进入绿色工业革命，使用可再生能源有助于减缓全球变暖并保护环境。为了最大限度地提高可再生能源的效率，需要完成从第二次工业革命电网及旧的骨架型电网到当地现场电网及分布式电网的转化。在这转化过程中，智能化的技术以能满足当地用电的现场需求为根本，发展现代能源网络并与每个输电网格对接，从而将能源网络连接到全国城乡各处。

7.2　智慧电网对可持续发展的影响

1. 智慧电网和市场解决方案

每天，世界各地的人们只需拨转开关，便能点亮房间、看电视或加热宝宝的奶瓶，这些行为不需要规划或深谋远虑，但是它背后的电力流动，却贯穿了现代和传统生活的方方面面。电力要到达一所房子，必须先流经数百千米的高压线并经过变电站等一系列传输设施。这种电力传输网络被称为电网，它是第二次工业革命带来的科技奇迹。然而，若使用新的高科技对其进行些许的修改，或许便能开启一场绿色工业革命。

第二次工业革命造就的传统的中央电厂通过燃烧煤、石油、天然气，或使用核能或水力来发电。电厂主体安置在大体积混凝土构筑的墙内，周围设有铁丝网和高架，并有保安人员值守。电厂配有长距离、大规模铺设的输电线路和输气（液）管道，选址远离人口密集的居住中心。大多数中央电厂都基于一个类似的工作原理：燃烧燃料，产生热量以驱动蒸汽涡轮机，从而产生电力。

智慧电网也被称为能源互联网，它最早出现在 20 世纪末。在互联网时代，智慧电网是指使用数字化或信息化技术来控制并提供电力，以形成一个输电联网的电力网络。最初，这些系统依托于地面通信线路，如电话线，但现在，智慧电网可能更多地基于 WiFi 无线系统运行。

具有数字通信能力的智慧电网可以与智能家电互动，如可以控制家电开关，如此一来，智慧电网就成为了复杂的能源管理系统的一部分。此外，智能技术还可以使电网支持电动汽车队伍的充电、供电等。通过智慧电网技术传输电力将大大提高电网的工作效率。

当前，电网的发展已经迎来机遇与挑战并存的关键期。一方面，电网需要应对日益严峻的资源和环境压力，实现大范围的资源优化配置，提高全天候运行能力，以满足能源结构调整的需求、适应电力体制改革；另一方面，发电、输配电、信息化、数字化等技术的进步也为解决这一系列问题提供了坚实的技术支持。因此，智慧电网成为现代电力工业发展的必由之路。近年来，以美国为首的发达国家提出"电网现代化"的号召，在全世界范围内掀起了建设智慧电网的热潮。

2. 智慧电网的主要特点

一般来说，智慧电网应具有以下功能特点。

（1）自愈性：稳定可靠。自愈性是保障电网安全可靠运行的关键功能，智慧电网无需或仅需少量人为干预，便可对电力网络中存在问题的元器件进行隔离或使其恢复正常运行，最小化或避免用户的供电中断。

（2）安全性：抵御攻击。无论是物理系统还是计算机遭到外部攻击，智慧电网均能有效抵御攻击对电力系统本身造成的伤害以及对其他领域造成的伤害，即使发生中断，也能很快恢复运行。

（3）兼容性：发电资源。传统电网主要是面向远端集中式发电的，通过在电源互联领域引入类似于计算机领域的即插即用技术（尤其是分布式发电资源），智慧电网可以容纳包含集中式发电在内的多种不同类型电源甚至是储能装置。

（4）交互性：电力用户。智慧电网在运行中与用户设备和行为进行交互，将其视为电力系统的完整组成部分之一，这可以促使电力用户发挥积极作用，获得电力运行和环境保护等多方面的收益。

（5）协调性：电力市场。智慧电网可以与电力批发市场甚至是零售市场实现无缝衔接。有效的市场设计可以提高电力系统的规划、运行和可靠性管理水平，电力系统管理能力的提升又会促进电力市场竞争效率的提高。

（6）高效性：资产优化。智慧电网引入先进的信息和监控技术，优化设备和资源配置，由此产生的使用效益可以提高单个资产的利用效率，从整体上实现网络运行和扩容的优化，降低其运行维护成本和投资。

（7）优质性：电能质量。在数字化、高科技占主导的经济模式下，电力用户的电能质量能够得到有效保障，实现电能质量的差别定价。

（8）集成性：信息系统。智慧电网可实现包括监视、控制、维护、能量管理、配电管理、市场运营、企业资源规划等和其他各类信息系统之间的综合集成，并在此基础上实现业务集成。

7.3　互联网和可持续发展

随着可持续运动的发展，社区开始觉醒环保意识并主动地促成更环保的基础设施。在互联网诞生地美国，早已掀起了一场举世瞩目的绿色能源革命。例如，网络技术将降低人们对零售商场营业场地的需求，能源消耗相对较少的仓库将取代商场。互联网使消费者越来越多地在网上而不是到商场去购物，这一转变有利于降低交通方面的能源消费。互联网对能源消费的最大影响体现在工业部门，目前美国 1/3 的空气污染和绝大部分有害废物和其他污染物均来自工业部门。

未来导向的绿色能源系统取得成功的重要条件，是建立一个基于互联网的综合信息与通信基础设施模型。针对这一愿景，德国工业联合会能联网工作小组提出了能源互联网（简称能联网）的概念。能联网是在计算机互联网的基础上，利用远程终端设备、近场无线通信、工业控制网络、物联网等技术构造的一个覆盖全社会的能源管理信息化系统。在这个系统中，物与物、设备与设备、能源供应商与用户都能自动对话，以将相互关系调节到效率最佳的状态。集中的和分布式的能源供应商任何时候都需要最新的、精确的未来能源需求预测信息，以此保证优化运行。通过采用物联网，他们可以方便地、标准化地、成本低廉地和近乎实时地获取能源信息。消费者也可以从中获益，这是由于这种基础设施模型适用于智能终端设备，消费者可以从中实时看到自己实际的能耗，让自己的设备在能耗较低的状态下运行，从而降低消费。只有把智慧用户、供应商和中介机构在能联网上结合在一起，才能使未来的能源措施发挥最大的效益，同时保护大气环境。

随着资源枯竭，温室气体排放对燃料的限制凸显，以及贸易规则造成以化石燃料为基础的能源成本上升，能源领域面临着空前的挑战。在这种背景下，能源互联网作为一种新的节能技术应运而生，它是人类未来应对温室气体排放和全球化石燃料枯竭等巨大挑战的有力武器。

智慧电网是面向未来的技术，它是一种能联网或能联网的具体应用之一。初看起来它与今天的基础设施没有什么太大差别，也有通过输电网和配电网向客户送电的大型电厂。但是为了更多地利用可再生能源，未来的能源网络将会比今天更多地安装分布式的发电机组。这些机组像大型电厂一样，也将承担满足能源需求的任务。由于能源供给日趋分散化，客户反应更加灵活和智能化，负载流量会发生变化，甚至向分电网并网倒输。要使这种动态系统有效地协调运行，就要把所有的组件整合为一个统一的通信基础设施，即能联网。能联网将把能源网络的所有生产者和消费者在虚拟层面上整合在一起。尽管动态消费者和分布式波动发电机组的数量不断增加，但能联网可以提供接近实时的通信，从而保证电网的有效协调。

未来的能联网不仅有发电、输电、配电和用电的能源技术层，还有通信层，可让信息沿价值链流动并形成通信业务流程。完善从信息生成到信息流使用的过程对全面提高能源效率非常重要，因此必须在经济应用与物理电网之间建立一个信息交换技术（Information Communication Technology，ICT）平台。有了 ICT 平台作为依托，就可以实现从居民用户到商业能源生产者之间高效的能量交流。要完成这一建设，不仅要进一步开发能源技术，而且要推行全面的数字化网络，更广泛地采用计算机智能技术。

总之，未来的能源市场将走进 ICT 互联网时代。通过建立一个相互透明的平台，电网运营商、用户和供电方之间可以围绕电力的生产和供给，实现面对面的信息交流，这必将成为人类应对温室气体排放和全球化石燃料枯竭等巨大挑战的有力武器，这也将是信息技术与网络技术发展中的一个里程碑。

7.3.1　麦克卢汉的地球村

第二次工业革命的能源模型是由一个中央电厂利用化石或核燃料发电，通过电网传送到距离很远的用户，而绿色工业革命的能源模型是消费者使用附近的可再生能源发电。为了实现从第二次工业革命到绿色工业革命的过渡，目前研究人员正在开发一种混合发电模式。这种新的模式很灵活，因为它可以同时容纳绿色的本地分布式发电和集中式并网发电。其敏捷的系统结合了当地可再生能源发电和传统的中央电网供电，并管理它们以满足当地的电力需求。

基于可再生能源发电的本地能源系统具有高效化和智能化的特点，既接纳可再生能源的本地发电，也还在一定程度上依赖于利用化石燃料发电的中央电厂。能源相对独立的小区域被称为雅居乐系统。雅居乐系统的能源来源包括太阳能、风能、水能、地热和生物质发电等，总体上可以是一个大规模能源和小规模、分散能源的结合。这些分布式的能源系统可形成区域网络，在当地运作并为其社区和消费者服务。

随着广播、电视、互联网和其他电子媒介的出现，以及各种现代交通方式的飞速发展，人与人之间的空间距离骤然缩短，整个世界紧缩成一个"村落"。"地球村"这一词是极具原创性的传播学理论家、加拿大人麦克卢汉于1964 年在《理解媒介：论人的延伸》一书中首次提出的（麦克卢汉，2011）。麦克卢汉对现代传播媒介的分析深刻地改变了人们的观念，特别是改变了当代青年人对 20 世纪以及 21 世纪生活的认知。他所预言的地球村在今天的社会已经变成现实。

在麦克卢汉看来，地球村的主要含义不是指发达的传媒使地球变小了，而是指人们的交往方式以及人的社会和文化形态发生了重大变化。交通工具的发达使曾经地球上的原有"村落"都市化，人与人之间的直接交往被迫中断，由直接的、口语化的交往变成了非直接的、文字化的交往。而电子媒介又实施着反都市化，即"重新村落化"，消解城市的集权，使人的交往方式重新回到个人对个人的交往。"城市不复存在，唯有作为吸引游客的文化幽灵。任何公路边的小饭店加上它的电视、报纸和杂志，都可以和纽约、巴黎一样，具有天下在此的国际性。"麦克卢汉觉得随着电子媒介的普及，时间和空间的区别变得多余。这种新兴的感知模式将人类带入了一种极其融洽的环境之中，消除了地域的界限和文化的差异，把人类大家庭结为一体，开创一种新的和谐与和平。旧的价值体系已经崩溃，新的体系正在建立，一个人人参与的、新型的、整合的地球村即将诞生。事实上，这种地球村已经在现代社会诞生了。麦克卢汉的地球村理论，是全球化理论的形象萌芽，对后来研究全球化的学者产生了深远的影响。

地球村的出现打破了传统的时空观念，使人们与外界乃至整个世界的联系更为紧密，人类相互间变得更加了解了。地球村的产生改变了人们的新闻观念和宣传观念，迫使新闻传播媒介更多地关注受传者的兴趣和需要，更加注重时效性和内容上的客观性、真实性。地球村促进了世界经济一体化进程。地球村的形成得益于互联网的发展，是信息网络时代的集中体现，是知识经济时代的一种表征。正是现代交通工具的飞速发展、通信技术的更新换代、网络技术的全面运用，使地球村得以形成。简单点说，地球村的含义是地球虽然很大，但是由于信息传递越来越方便，大家交流就像在一个小村子里面一样便利。地球村概念的产生更直观地体现了人们需要和平世界的愿望——无论肤色，无论种族，人人平等到只是一个村落中的一分子。

20世纪末已有成型的地球村，为智慧电网的兴起和蓬勃发展提供了沃土。智慧电网为世界各地方便地分享能源提供了可能，各地的"村民"可以因地制宜，以最具经济优势的方式将自身产出的电能供应到电网上。这些电能既可来自传统的火电、水电和核电等规模化发电方式，也可来自风电、光伏、生物质能发电和海洋能发电等新能源和分布式能源发电方式。这些技术具有投资省、发电方式灵活、与环境兼容等特点，可以提供传统的电力系统无可比拟的可靠性和经济性。尽管由于自然和地理条件限制，有些发电方式存在容量小、运行不确定性强等问题，缺少灵活可控的特性，但通过采用包含储能装置的智慧电网的集中调控，可以将高品质且稳定的电能输送到千家万户。简而言之，在地球村的大环境下，各"村落"的"村民"能以环保的方式和较低成本将低品质的电能输送到"村中心"的智慧电网，再从智慧电网获得高品质的日常生活和生产用电。

7.3.2　社交媒体的作用

社交媒体可以成为智慧电网社区这一新事物在大众中传播的重要载体，它也是智慧电网社区设计及优化发展的重要智囊。社交媒体是指允许人们撰写、分享、评价、讨论、相互沟通的网站和技术，是人们彼此之间用来分享意见、见解、经验和观点的工具和平台。近年来，社交媒体在互联网的沃土上蓬勃发展，爆发出令人炫目的能量。其传播的信息已成为人们浏览互联网的重要内容，不仅制造了人们社会生活中争相讨论的一个又一个热门话题，还进一步吸引了传统媒体争相跟进。社交媒体是由网民自发进行内容贡献、传播、提取，并创造包含新闻、广告、资讯及自由主题内容的平台。它有两点特性需要强调，一是参与人数众多，二是自发传播。如果缺乏其中的任何一点，就不能归入社交媒体的范畴。社交媒体的产生依托于 Web 2.0 的发展，如果网络不赋予网民更多的主动权，社交媒体就失去了群众基础，失去了根基；如果没有技术支持多种互动模式、多种产品互动，网民的需求就无法释放。社交媒体正是基于群众基础和技术支持才得以发展。

1. 社交媒体的形式

在新媒体的影响下，我们如今生活在一个紧密相连的地球村里。特别是对于年轻人而言，他们拥有着各自独特的社交文化圈子，这让地球村更加多元和丰富。根据麦克卢汉的理论，我们正处在一个信息社会快速发展的时代，信息的交流和传播已经跨越了时间和空间的限制，让世界变得更加紧密。社交媒体在中国的存在方式有很多，许多方式都广为人知，并对数字化群体影响相当大。

（1）博客。它是社交媒体最广为人知的一种形式。博客是在线的刊物，最近发布的内容将显示在页面最上方。

（2）微博。微博即微博客的简称，它是一个基于用户关系的信息分享、传播以及获取平台，用户可以通过 Web、Wap 以及各种客户端组建个人社区，以 140 字左右的文字更新信息，并实现即时分享。

最早也是最著名的微博是美国的推特。根据相关公开数据，截至 2022 年 1 月，该产品在全球已经拥有约 3.68 亿名注册用户。

2009 年 8 月中国新浪网推出新浪微博内测版，成为门户网站中第一家提供微博服务的网站，微博正式进入中文上网主流人群视野。在 2023 年，新浪微博活跃用户超过 6 亿。

（3）微信。作为一款社交工具，微信支持用户通过文字、图片、语音等形式与朋友交流，关注公众号获取资讯，分享生活点滴。其用户量和活跃度近年来呈现快速增长，成为人们不可或缺的沟通工具。通过微信，人们建立更紧密的各种社区联系，分享喜怒哀乐，传递信息和情感。便捷的使用体验和多功能特性使其备受欢迎。希望微信能继续为人们带来便利，连接彼此，丰富人们的生活。

2023 年 6 月底，微信及 WeChat 的合并月活跃账户数已达到 13.27 亿，几乎覆盖了全中国的人口。据对百万级微信公众号样本库的不完全统计，2023 年微信公众号累计产出了至少 4.48 亿篇文章，相当于每天产出 122.87 万篇文章。

（4）视频及音频社交平台。广大用户可以通过抖音、iTunes、喜马拉雅等平台订阅视频和音频内容。

（5）点评类社区。国内常见的点评类社区有豆瓣（电影、音乐等文艺类点评）、大众点评（吃喝玩乐店铺点评）等，这些点评类社区是影响网民决策的重要渠道，也是口碑营销的重要媒体。

2. 社交媒体的特征

社交媒体是一种给予用户极大参与空间的、在线传播的媒体，并富有互动性、可优化的交流平台。它具有以下的特征。

（1）互动参与性。社交媒体可以激发感兴趣的人主动贡献和反馈，它模糊了媒体和受众之间的界限。

（2）公开性。对于大部分的社交媒体，公众都可以免费参与其中，它们鼓励人们评论、反馈和分享信息。参与和利用社交媒体中的内容时，用户几乎不会遇到任何的障碍。

（3）交流性。传统媒体采取的是"播出"的形式，内容由媒体向用户传播，单向流动。而社交媒体的优势在于，内容在媒体和用户之间双向传播，这就形成了一种交流。

（4）社区化。在社交媒体中，人们可以很快地形成一个社区，并以摄影、政治或者电视剧等共同感兴趣的内容为话题，进行充分的交流。

（5）连通性。大部分的社交媒体都具有强大的连通性，可通过链接将多种媒体融合到一起。得益于此，地球村中的文化交流变得频繁和多样化。人们从不同的文化中汲取灵感、激发创意，创造出独特的艺术形式。

然而，社交媒体也引发了一些问题。一些年轻人可能会过度沉迷于虚拟世界，忽略了现实生活中的重要事物。另外，人们容易被自己的兴趣所引导，选择性地接收信息，这会造成信息茧房效应，使得他们陷入思维的局限性中，缺乏对多元化信息的了解与接纳。

3. 社交媒体的优势

目前，社交媒体拥有大量的用户群体，他们来自全球各个角落。社交媒体赋予了每个人创造并传播内容的能力，大量的内容和信息在社交媒体上传播，从而使得社交媒体拥有独特的、富有影响力的优势。

（1）信息透明化。社交媒体比以往任何一次技术革新都更能够促进协作精神，从而使得所有的公司和组织都能够处于公众的监督之下。在面对环境问题、产品标准以及消费者和员工权益等问题时，有关公司和组织也不得不更加慎重对待。

（2）可提升产品及服务质量。社交媒体使得所有消费者都可以针对产品发表评论并提出批评，因此，厂商的产品必须有过硬的质量。产品质量不过关的厂商，将会被曝光并最终经营失败。社交媒体的存在也使得优秀的产品能够获得大量的用户，厂商可以通过社交媒体听取用户的意见和反馈，不断改进和更新，创造更好的产品。

此外，如果购买的产品或服务出现问题，消费者也可通过社交媒体向客服及相关专业人员求助，从而获得更多的帮助。

（3）可自主控制。在社交媒体上，用户可以自主选择关注的对象，可以自主选择所希望加入的团体。此外，社交媒体是用户主宰内容和信息，每一个用户，都可以在法律和规则允许的范围内，畅所欲言，而不需要任何成本，这与传统媒体产生了鲜明的对比。

智慧电网及可持续社区和社交媒体的关联甚大。

20 世纪末，据美国得克萨斯大学电子商务研究中心统计，美国与互联网相关的企业创造的产值超过 5000 亿美元，年增长率高达 68%。另据美国能源和气候解决方案中心发表的一份研究报告表示，互联网技术不仅推动了美国经济的发展，还有助于节约能源，它减少了引起全球变暖的温室气体的排放。报告显示，1997 年和 1998 年美国经济增长率达 4% 左右，但能源消费量几乎没有增长（每生产 1 美元国内生产总值所消耗的能源减少了），主要原因是信息技术和互联网使用的增加正在使美国经济减轻对能源的依赖。在美国许多企业努力提高能源使用率的同时，互联网也正使美国的经济结构朝着减少能源消费方向发生变化。

智慧电网仍处在研究与开发的起步阶段。在建立智慧电网社区的过程中，利用好社交媒体这一平台很有必要。社交媒体用户的规模是相当巨大的，截至 2024 年底，中国社交媒体的用户数量已超过 10 亿。如此巨大的用户群体，蕴藏着丰富的能量和智慧。通过社交媒体，我们不仅可以向广大用户宣传智慧电网社区，让用户了解其内容，更为重要的是，还可以积极收集各方意见，为智慧电网社区的搭建提供有价值的参考。

总的来说，智慧电网社区中居住的用户，可以根据自身的体验，通过社交媒体，发表自己的观点，在用户之间展开讨论，专家也可参与其中，从而为智慧电网社区的优化和改进提供有价值的参考。智慧电网能适应并促进可再生能源的发展，因此，它也是电网发展的必然趋势，而建立智慧电网社区也将是未来发展的一个重要方向。

7.4　智慧用电社区与智慧电网

可持续又敏捷的智慧电网社区提供了一种新的社会模式。从历史上看，监管机构和政府需要具有控制力和集中的权力。第二次工业革命产生的中央电网需要很长的输电线路来提供能源。标准的做法是由城市管理的中央电厂承担加工原料及传输成本等费用，另加差价后向用户或缴费人收取相应的费用。现在我们需要采用地区和社区一级的解决方案以应对全球变暖和气候变化的挑战。该解决方案不是集中式的发电厂使用化石燃料或核能来生产电能，然后输送到电网，而是用电当地自发自用。当地发电可来自可再生能源，这样会更环保、便宜得多（Jin et al.，2010；Jin et al.，2015）。

分布式发电是更有效的发电方式，它可以使用用电地区的可再生能源资源。例如，丹麦的许多可持续社区整合风能和生物质能发电，以提供基荷能源发电。丹麦计划到 2030 年实现可再生能源发电量（主要是通过用电当地的资源发电）达到 100％。丹麦正在大步迈向这个目标。

智慧电网将启用高效的整体负荷管理系统，实时数据将被反馈到一个巨大的分配传输电力的电网中。作为智慧电网的一部分，这个系统是非常重要的。该系统主要功能是使电能平缓；它能利用电池来平抑可再生能源发电波动，利用储能系统治理谐波，甚至优化负载使用。它可以部署在当地额定负荷中心之间，用于能量存储。例如，它主要的电力来源可能是太阳能发电，而主要负荷是电动车电池充电等。

实时数据是很有用的工具，可用来预测和对冲用电分配。智慧电网能够充分满足日常用电需求，甚至可以应对富有挑战性的生产型用电或电力交易的需求。随着化石燃料成本上升、资源逐渐枯竭，加之碳排放限额及贸易法规的约束，用户已经做好使用绿色能源的准备，并对使用多种可再生能源持欢迎态度。

在电力分析和管理的工作中，必须统筹现有的基础设施和能源管理情况。可以将能源管理的数据反馈到智慧电网，以进行高能效电网的建模及数据分析。智慧电网具有卓越的性能，可以在各种条件下实现电力资源的高效存储，并为用户提供可靠的电力。

我们应该重建存在了一个世纪以上的老式电网基础设施。升级翻新这些基础设施，将它们与众多的可再生能源系统连接起来并加以管理。虽然光伏发电和风电可能有较高的输出功率，但是必须依据需求分布状况，在合适的输出时间对其进行负载均衡管理。此外，很多的传统发电厂存在电力浪费现象，譬如核电或燃煤发电在消费者睡觉时并不会关闭。

一般来说，能量效益分析、建模和数据分析对于智慧电网来说是必需的。这些应用于私人用途的数据搭配一个计算机化的用电管理，具有强大的完整性，高度的网络安全性、可靠性，以及保障消费者参与的完整性。智慧电网可以在不同的条件下，灵活地存储资源并确保电力供应的可靠性。

近年来，中国各大城市如北京、上海、广州、深圳、杭州等出现了令人兴奋的智慧电网发展案例。其中，制定电动汽车智能充换电服务网络发展规划是一项关键举措。这一规划通过整合并优化充电设施，提高充电效率，为电动汽车的推广和智慧电网的发展奠定了重要基础。

深圳作为中国智慧城市的先行者，成功建设了一批智慧社区。另外，深圳通过建设智能充电桩网络，实现了电动汽车充电服务的智能化管理。上海在推动电动汽车充换电设施建设的同时，也注重技术创新和智能化服务的发展。广州则倡导新能源汽车产业的发展，并积极探索智慧能源管理的新模式。

这些成功案例所积累的经验为其他城市提供了有益的借鉴，也为智慧电网的未来发展指明了方向。以制定电动汽车智能充换电服务网络发展规划为例，这一举措推动了多个城市的智慧电网建设。杭州、青岛等城市建成了智能充换电服务网络，并已安装应用上亿块智能电能表。中国组建的智慧电网有相当多的优点。由于中国的电力生产与电力需求在地理分布上存在严重的不均衡，国内发展的智慧电网与其他国家有所区别：国外智慧电网更多关注配电领域，而中国更多地关注智能输电领域，把特高压电网的发展融入其中，以此保证电网运行的安全、可靠和稳定。

7.4.1　智慧电网的特性

1. 坚固可靠

坚固、灵活的电网结构是构建未来智慧电网的基础。即使发生扰动和极端故障，智慧电网也能维持对用户的供电，确保电网整体的安全稳定运行。

2. 清洁环保

由于风能和太阳能的不稳定性会影响电网安全，清洁能源的大规模使用受到制约。智慧电网使大规模利用清洁能源成为可能，从而使电能的利用更加清洁环保。

3. 透明开放

在智慧电网中，电网、电源和用户的信息透明共享，电网无差别开放，支持风电、光伏发电等新兴可再生能源发电方式的正确、合理接入。

4. 经济高效

智慧电网可提高电网运行和输送效率，降低运营成本，促进能源资源和电力资产的高效利用。

5. 友好互动

智慧电网通过双向互动实现电网运行方式的灵活调整，能友好兼容各类电源和用户接入与退出，促进了发电企业和用户主动参与电网运行调节。

7.4.2　智慧用电社区

智慧用电社区是智慧电网用电服务在城市社区生活的具体应用。智慧用电社区采用光纤复合电缆通信或电力线载波通信等先进技术，构建覆盖社区的通信网络，通过用电信息采集、双向互动服务、社区配电自动化、电动汽车有序充电、分布式电源运行控制、智能家居等技术，对用户供用电设备、分布式电源、公用用电设施等进行监测、分析、控制，提高能源的终端利用效率，为用户提供优质便捷的双向互动服务和"三网融合"服务，同时可以实现对社区安全防卫等设备和系统进行协调控制。

智能用电社区综合了计算机技术、综合布线技术、通信技术、控制技术、测量技术等多学科技术领域，是一种多领域、多系统协调的集成应用。智能用电社区主要由智能化监控服务系统和相应的服务对象组成。

智能化监控服务系统的主要构成如下。

（1）智能用电社区服务平台（主站）。用于采集社区监控终端设备信息，实现对智能用电社区开关设备和用电信息的监测、重要区域的图像监视，以及智能用电社区、智能家居的信息展示。

（2）终端设备。主要包括用电信息采集终端、分布式电源及储能装置等。

（3）信息通信网络。远程信道可采用光纤、公网、230MHz无线专网、电力线载波通信信道等。本地信道可采用光纤、电力线载波通信信道、微功率无线通信信道等。

（4）用电信息采集系统。主要由主站、通信信道、集中器、采集终端、智能电能表等部分组成，是对用户（包括居民电能表、分布式电源计量电能表等）的用电信息进行实时采集、处理和监控的系统，为其他系统提供基础的用电信息服务。

（5）双向互动服务系统。通过智能家居交互终端等多种途径给用户提供灵活、多样的互动服务，为用户提供用电策略、用电辅助决策等服务。

（6）电动汽车充电控制系统。通过在社区内部署充电桩计量、控制装置及监控软件，利用社区通信网络，实现充电信息采集、监控、统计分析功能，实现用户充电时段和充电容量管理与控制，达到电动汽车有序充电的目的。

（7）分布式电源管理系统。通过在社区安装太阳能发电、地热发电、风电、储能装置等分布式电源，部署控制装置与监控软件，实现分布式电源双向计量、用户侧分布式电源运行状态监测并网控制；综合社区能源需求、电价、燃料消耗、电能质量要求等，结合储能装置实现社区分布式电源就地消纳和优化协调控制、分布式电源参与电网错峰避峰。

（8）社区配电自动化系统。通过部署自动化设备，利用社区光纤通信网络，实现社区供用电运行状况安全监控、电能质量实时监控。依托配电站主站系统，实现社区供电设备状况远程监视与控制、社区配电设施视频监控；支持与物业管理中心社区主站的信息集成，提高故障响应能力和处理速度。

通过建设智能用电社区，可以实现智慧电网经济高效、节能环保的目标，达到节能和利用新能源的目的，从而创造未来商用典范和新的生活方式。

7.5　LED 照明节能

世界各地的社区及其能源需求正在变得越来越复杂。因为人口的增加和城市的扩张，电力需求一直不断攀升。空气和水的污染给人们带来了严重的健康问题。地方和中央政府正在实施碳排放相关的法规以迎接挑战，满足不断增长的能源需求，杜绝污染，同时减少碳排放量。实现这一目标，需要具有创造性且更全面复杂的解决方案。我们需要采用高效能且可再生的能源来发电，同时也需要倡导节能环保的用电方式和行为。

在 1962 年，科学家开发出了一种革命性、低功耗的发光二极管（Light Emitting Diode，LED）灯泡。早期的 LED 都是发出低强度红光的实用电子元器件，而今天的 LED 发出的光包括可见光、紫外光和红外光，而且具有很高的亮度。

LED 灯是非凡的新一代照明工具。一个 6W 的 LED 灯提供的照明相当于标准的 60W 商用室内顶灯。LED 灯使用寿命长（用年而不是用月计算）、结实耐用、体积小、开关快速且非常可靠。作为一种新的技术，它比传统灯泡更贵，但由于新的厂商加入市场竞争，其价格正在快速下降。

LED 灯使用寿命长对商业建筑的运营者来说是一个巨大优势，但是对 LED 制造商来说却是件两难之事。LED 灯的价格趋势是每个灯泡低于 20 美元，这引发了制造商们的恐慌，因为每个 LED 灯泡的寿命可达 20 年，这大大减少了消费者购买新灯泡的需求。因此像雷姆尼斯照明公司（Lemnis Lighting）这样的行业领导者，正在考虑为愿意将照明作为一种服务购买的客户提供个性化定制协议，而不是不断地为其更换灯泡。这些公司的协议将把维护和升级服务包括在内，以此吸引客户。

照明技术的进步与其他一些绿色工业革命的新兴技术相比似乎平平无奇，但是照明的影响却可以渗透到每一家公司，每一户家庭，现代社会的每个房间，甚至可以改变人的一生。在经济欠发达地区的农村泥墙小屋里，照明可以给一个孩子提供学习机会，让其不再受农耕生计的限制。

LED 灯由于具有高效节能的特性，近年来受到广泛关注。据统计，目前约 22% 的电能消耗（相当于总能耗的 8%）用于效率不高的人工照明，并会产生大约 7% 的碳排放。传统的人工照明技术发光效率比较低，普通白炽灯的发光效率小于 20lm/W，荧光灯的发光效率约为 85lm/W，而混色 LED 灯的发光效率理论上最高可达 370lm/W。因此，采用 LED 光源的半导体照明技术是照明节能的有效手段。

此外，由于具有使用寿命长、色纯度高、体积小、响应速度快及抗冲击性能好等特点，LED 被认为是一种应用前景非常广阔的新一代替代型照明光源。

LED 主要应用领域及范例见表 7-1。

表 7-1 LED 主要应用领域及范例

应用领域	应用范例
通用照明	通用照明无疑是 LED 最具发展潜力的应用领域，也是半导体照明的终极应用目标。白光 LED 绿色节能的照明光源，其发光效率已经超过白炽灯的 10 倍，使用寿命达到 100000h，在能源日趋紧张的当代，LED 在通用照明领域无疑具有非常好的市场前景

续表

应用领域	应用范例
交通指示	这是 LED 最成熟的应用领域，目前中国主要城市的交通灯基本都已替换为 LED 交通灯
显示屏	目前大量的户外巨型屏幕均使用 LED 作为像素点的显示屏（如奥运会会场和天安门广场使用过的巨型屏幕）。该技术也可用于家用显示屏
背光源	LED 可以作为背光源与液晶显示器相结合，进一步减薄液晶显示器的厚度，减少能耗，同时增加其使用寿命
汽车车灯	目前许多汽车制造商已经开始将 LED 用于车灯，并以此作为一个新的卖点来吸引顾客，其中奥迪 R8 已经率先使用 LED 灯来代替氙气灯作为前大灯
景观照明	目前许多城市已将 LED 应用于城市灯光环境建设中，这不仅节能环保，而且还给城市增添了绚丽的色彩

正因为具有广阔的市场前景，LED 已成为半导体产业中的重要细分领域。据 CSA Research 协会数据，中国 2021 年 LED 产业总产值已达到 7773 亿元。

接下来，让我们回顾一下国际上 LED 发展的过程。日本、美国、欧盟、韩国都制定了相应的半导体照明计划。日本于 1998 年率先开展"21 世纪照明"计划，旨在通过使用长寿命、更薄、更轻的 GaN 高效蓝光和紫外光 LED 技术使得照明能量效率提升为传统荧光灯的两倍。日本在 2006 年完成用 LED 灯替代 50% 的传统照明，在 2010 年使 LED 灯的发光效率达到 120lm/W。美国于 2000 年制订"下一代照明计划"，预计到 2025 年使照明用电减少一半。美国能源部估计，美国家庭至少安装了 5 亿只射灯，射灯每年的销售量超过 2000 万只。LED 技术可以使射灯功率降低 75% 以上。LED 嵌灯和壁灯的应用就是很好的例证。欧盟在 2000 年 7 月启动"彩虹计划"推广白光 LED 的应用。韩国的"GaN 半导体开发计划"着重研究 GaN 基 LED、蓝/绿光激光二极管及高功率电子组件三大领域。

中国也在 2003 年底紧急启动了"十五"国家科技攻关计划"半导体照明产业化技术开发"重大项目，使得国内半导体照明工程进入实质性推广阶段。在国家政策的激励下，三安光电、德豪润达等公司分别订购了超过 100 台生产 LED 的关键设备——金属有机化合物化学气相沉积设备，与国际 LED 厂商竞争。以中国科学院半导体研究所半导体照明研发中心为依托的中科半导体照明有限公司也与中国中材集团有限公司签署了战略合作协议，在几年内投入 50 亿元研发 LED 技术，现在已达到了国际领先水平。现在国内功率型 LED 芯片的发光效率已经能普遍达到 100lm/W 以上，部分已经达到了 130lm/W。截至 2023 年底，国内企业已在国际市场的许多应用领域取得显著进展，这包括上游外延片及芯片制造规模、封装规模、下游应用规模，以及显示屏应用市场、汽车照明应用市场等。

7.6　建设绿色可持续小区

1. 从头开始的可持续发展

世界各地的研究人员和政治决策者慢慢地认识到，应对气候变化和全球变暖至关重要。可持续发展是可以实现的并且已经有成功案例。在社区层面，这一理念的践行尤为重要。我们需要从一个个城市、地区入手，通过构建可持续社区改变人们的生活。

被称为能源之城的丹麦腓特烈港（Frederikshavn），已成为可持续发展的模范城市。全市使用风能和生物质能等可再生能源，目前已达到能源独立，并已实现使用 45％ 以上可持续能源的目标。

现在热电联产是腓特烈港的城市能源系统的核心供能方式。腓特烈港使用回收废物焚烧、沼气发电等进行热电联产，发电效率达到了 40％，热电联产（含热量）的综合效率达到了 55％。腓特烈港项目还包括扩大现有的区域供热网，从 190GW·h 提高至 236GW·h。热电联产将满足 70％ 的工业、私人住房的热量需求，工业的其余需求（工艺加热）将由生物质锅炉提供，个别房子的热量可由太阳能和电热泵混合供应。

这座城市的地下有潜在的地热资源，可提供约 40℃ 的热源。不过，该温度还可以进一步提升到可供加热的水平，以便使用吸收性热泵，将废物燃烧后产生的蒸汽用于加热，为热电联产电厂供应热水。据计算，一个 8.7MW 的地热与 13.3MW 的蒸汽配套结合可以完美地产出 22MW 的热量，为地区供热。增加蒸汽输入将可以减少发电量，仅需用 1.3MW 的电和 11.9MW 的地热组成热电联产电厂便可以达成相同效果。轻微吸收式的热泵的性能系数是普通热泵的 7 倍以上。该市计划使用额外的压缩热泵以便利用热电联产电厂所产生的废气。锅炉还可以借助其他废热（及废水等）实现节能，性能系数是普通热泵的 3 倍，能产生 10MW·h 的输出电量。

2. 能源系统的发展和新兴的敏捷能源系统

在未来，中央电网将作为骨干架构的远程发电源和备份，或者作为储能网在没有太阳、没有风力时提供能量，这是敏捷能源系统的运作模式。这不仅是一种技术创新或市场机制，更是一种新模式，是绿色工业革命的一部分。

每个可持续社区都必须改造传统的中央发电模式，并将可再生能源发电和智慧电网配电投入使用。另外，可持续社区的基础设施必须具备废物回收、处理功能，合理地利用土地和水，并符合绿色建筑的标准。譬如，住宅具有低能耗和紧凑的特点，这对建设敏捷、可持续性和智慧发展的社区来说很有必要，由此可减少对环境的污染，并为未来提供一个绿色的世界。为解决全球变暖及气候变化问题，我们需要从现在开始设计、投资并建设可持续发展的社区。

第 8 章　世界在绿色工业革命中的发展

　　在全球积极应对气候变化，绿色低碳潮流已经初步形成的情况下，一场绿色工业革命正在向我们走来，一种充分考虑气候稳定、生态环境保护的新发展范式也正在积极探索和发展中。开展绿色工业革命是解决全球气候变化这一重大挑战的必要之举。全球气候正在趋向恶化是不争的事实，它影响着我们人类的生存。人类排放的温室气体覆盖了地球，使得气候急剧变化。几十年来人类未能遏制全球对化石燃料的依赖，地球变得更热，空气污染愈加严重。气候变化使极端天气事件增加，农业生产受损，直接威胁到了人的生活。在这种背景下，世界上的贫穷国家是最为脆弱的，因为他们会面临水资源短缺、农作物欠收、贫困和疾病等各种风险，并且这种种风险还正在增加。科学证据确凿表明，人类活动导致了全球变暖，地球自工业时代以来日趋炎热；海洋正在变暖，海平面逐渐上升，全球平均温度不断升高（UN DESA，2011）。

　　随着全球变暖，地球上的粮食生产面临越来越大的风险。沿海城市也面临着被淹没的风险。沙漠和干旱地区将变得更干涸，低湿地区将洪涝连连，由珊瑚礁保护的广大岛屿和沿海滩涂将被毁坏。地球上的很多地方，如热带地区，会频繁遇到极端高温和热带气旋，生物的多样性将受到不可逆转的损害。一个日趋炎热的地球将无法维持可持续发展。

　　环境危机是人类第二次工业革命的遗留问题。第二次工业革命带来了巨大的财富和技术进步，却也导致了人类对化石燃料的过度依赖。我们仍然不加甄别地持续燃烧廉价燃料，这一行为制造出了令人窒息的、笼罩着整个大气层的二氧化碳，破坏了我们的环境。继第二次工业革命之后，人类于 20 世纪中期迎来了第三次工业革命，这次革命使人类进入了信息时代。而现在，面对气候变化，我们正在进行第四次工业革命。

8.1　绿色工业革命综述

　　第四次工业革命又被称为绿色工业革命，我们在第 7 章讨论了它的许多具体应用案例。第四次工业革命的明确出现时间是在 20 世纪到 21 世纪之交，这一观点主要是由欧洲的一些学者提出的。他们的关注点集中于绿色工业革命这一侧面，认为绿色工业革命已经开始在亚洲实际落地，并迅速发展。

8.1.1　四次工业革命对比说明

1．第一次工业革命

第一次工业革命以机械化和工业化为特征，由蒸汽机的发明、煤炭的应用和纺织工业的发展推动。这一时期的革命改变了货物生产和交通运输的方式，极大地促进了经济和城市化的发展。

蒸汽机的发明和应用使得工业生产从手工劳动转向机械化生产，煤炭的使用为工业提供了廉价且丰富的能源。第一次工业革命发生在 18 世纪 60 年代到 19 世纪上半叶。

2．第二次工业革命

第二次工业革命以电力、化学工业和交通运输的发展为特征。这一时期的革命以电力和化学工业为驱动力，推动了经济快速增长和社会快速变革。电力的广泛应用使得工业生产进一步向自动化和大规模化发展，化学工业的发展为新材料和新技术的出现提供了基础，交通运输的发展改变了人们的生活和商业模式。第二次工业革命发生在 19 世纪 70 年代到 20 世纪初。

3．第三次工业革命

第三次工业革命以计算机、数字化和互联网技术的发展为特征。这一时期的革命以信息技术为驱动力，促进了全球化和知识经济的发展。计算机的普及和互联网的应用改变了人们的生活和工作方式，推动了信息时代的到来。第三次工业革命是从 20 世纪中期开始的一场技术变革和思想革命。

4．第四次工业革命

第四次工业革命以物联网、大数据、AI 和生物技术的发展为特征。这一时期的革命推动了产业的智能化、网络化和可持续发展。物联网技术将物理世界与数字世界相连接，大数据技术可以处理和分析海量的数据，AI 可以模拟人类的智能和思维，生物技术可以改变生命生存和维护健康的方式。

绿色工业革命就是第四次工业革命，它是当前正在发生的一场技术革命和产业变革。

8.1.2　第四次工业革命的不同点

第四次工业革命与之前的工业革命的差异主要有以下几处。

（1）范围和速度。第四次工业革命在范围和速度上都超过了之前的几次工业革命。全球范围内的数字化和互联网技术的应用使得信息和技术传播更加迅速和广泛，创新和变革的速度更快。

（2）技术的融合。第四次工业革命的特点之一是不同技术的融合和整合。物联网、大数据、AI和生物技术的发展相互关联、相互渗透，形成了一种全新的技术体系和生态系统。这种技术融合带来了更大的创新潜力和更多的商业机会。

（3）影响的广泛性。第四次工业革命的影响不仅仅局限于工业和经济领域，还渗透至社会、环境和人类生活的方方面面。它将对教育、医疗、能源、交通、城市规划等领域产生深远的影响，并对社会结构和经济模式提出新的挑战。

（4）对可持续发展的关注。第四次工业革命强调可持续发展和环境保护的重要性。由于气候变化和资源短缺等问题日益严重，第四次工业革命提倡将可持续发展纳入技术创新和商业模式的考量，以实现经济增长和环境保护的双赢。

8.1.3　现实意义

第四次工业革命具有以下现实意义。

（1）经济增长和创新。第四次工业革命为经济增长和创新提供了新的动力和机遇。通过智能化的发展，企业和产业可以提高生产效率、降低成本、提供更好的服务和产品。

（2）就业和人才需求。第四次工业革命为劳动力市场和人才需求带来了新的挑战和机遇。传统的人才需求将发生变化，社会需要更多具备技术和创新能力的人才。同时，新兴行业和职业将创造更多的就业机会。

（3）可持续发展和环境保护。第四次工业革命关注可持续发展和环境保护，推动了绿色技术和清洁能源的应用。通过创新和技术进步，可以实现经济发展和环境保护的双赢，促进可持续发展和向低碳经济转型。

（4）社会变革和生活方式改变。第四次工业革命将对社会结构、人们的生活方式和社会互动产生深远的影响。例如，智能城市和数字社会将改变人们的生活方式，AI 和机器人技术的发展也将改变人们的工作和生活方式。

（5）全球合作和共同治理。第四次工业革命需要全球各界的合作和共同治理。面对全球化和技术进步带来的各种挑战，国际社会需要加强合作，制定相应的法律和政策，以实现技术的平衡发展和社会的可持续进步。

绿色工业革命将比前几次工业革命更显著地改变人类生活，带来更多的效益。地球每年越来越暖，雾霾持续增多，世界变得更加拥挤；每日都在减少的宝贵的资源开始变得更加稀有贵重。2024 年已有 81 亿人口生活在这个地球上，到 2050 年，联合国预计世界将有 97 亿人口。发展中国家中产阶层的崛起将使气候和资源问题复杂化。

世界将很快受到资源的限制（UN DESA，2011）。特别是我们正在滥用地球上有限的化石燃料资源，仅这一点就可能动摇我们生存的根基。环境的恶化乃至崩溃，令我们对地球各生态系统的保护意识增强，并产生了强烈的紧迫感。

中国正在积极投入新的绿色工业革命，侧重于从基础设施，使用的能源、水和空气等各方面来建设可持续发展的社区。中国在绿色工业革命中取得了跨越式发展，这主要得益于经济的快速增长以及城市化进程的需要，为超过 14 亿人在住房、工作、教育和退休方面提供支持的需要。

绿色工业革命是当今世界和未来发展的重要趋势，它将对经济、社会和环境产生深远的影响。在应对绿色工业革命带来的挑战和机遇时，人们应该关注科技创新、人才培养、可持续发展和社会公平等方面，以此推动可持续发展，达成增进人类福祉的共同目标。

让我们重温举世震惊的绿色工业革命故事。当伯特兰·皮卡德将"阳光动力"号降落在拉巴特（Rabat）的停机坪时，世界瞥见了一个新的绿色工业革命偶像。伯特兰·皮卡德和他的伙伴安德烈·博施伯格在这一壮举中结合了如下绿色工业革命的关键元素：可再生能源、可持续发展理念和采用了高新技术的材料。在只有太阳能的情况下飞那么高那么远，这简直可以与古希腊关于伊卡洛斯的梦想相媲美，他们的成功为绿色工业革命可以为人类带来什么这个问题提供了一个想象空间。

瑞士飞行员和冒险家伯特兰·皮卡德在 2012 年 6 月 5 日的夜晚，驾驶"阳光动力"号飞机到了摩洛哥的拉巴特。这架小飞机有巨大的翼展，在月光下闪烁着银光。它无声地在黑色的停机坪上降落，标志着它 2400km 旅程的结束。

它是第一个仅以太阳能为动力完成洲际飞行的飞机，也是一个非凡的航空和科学成就。它白天靠阳光产生电力，将多余电力存储在 400kg 重的锂聚合物电池中，以供夜间飞行。伯特兰·皮卡德在夜间穿越直布罗陀海峡，证实了在白天可以存储足够的电力来完成整晚的飞行。图 8-1 是"阳光动力"号的照片。

图 8-1　"阳光动力"号

伯特兰·皮卡德和安德烈·博施伯格的"阳光动力"号是绿色工业革命的技术结晶和科学突破。这是发生在人们眼前的重大突破。现在的世界正在转向使用低碳环保的能源。虽然人们对世界变暖 4℃ 所能造成的毁灭性后果的认知过程非常缓慢，但是越来越多的迹象表明，世界上绿色经济及其奇妙的变革性技术已经出现。

在总结这个令人难以置信的航空和科学成就时，伯特兰·皮卡德表示，既然他们能在空中利用太阳能完成令人难以置信的目标，那么在地上的人自然也能有所作为。

气候变化是真实存在的。现在，地球正在受到冰川融化、海洋酸化和极端天气事件的威胁，并正在失去一些敏感且关键的生态环境。地球上每年都有多种动物物种面临灭绝威胁，这是环境恶化造成的一部分结果。据 2024 年

世界自然保护联盟报道，26％的已知哺乳动物、41％的已知两栖动物、12％
的已知鸟类、21％的已知爬行动物、37％的已知鲨鱼和瑶鱼鱼类、71％的苏
铁和 28％被评估的甲壳类动物都正在受到威胁，被认为是濒危动物。从乌干
达的山地大猩猩到加利福尼亚州的本地鳟鱼，世界上许多动物物种正在受到
廉价能源时代和不可持续生活方式的威胁。因此，人类必须停止将地球当作
一个巨大的垃圾桶的行为。可持续发展和可再生能源的时代已经开始。开展
绿色工业革命，通过推动可持续发展和环境友好型产业的发展，实现经济增
长和环境保护的双赢局面势在必行。

8.2　在经济发展中面临的挑战

绿色工业革命是人们为了应对气候变化和环境污染而提出的一种新型工
业模式，旨在实现经济的可持续发展和保护环境的双赢局面。然而，在世界
范围内推进绿色工业革命同时也面临着一些挑战。

1. 面临的挑战与转型机遇

实现绿色工业革命，需要大规模的投资和技术创新。将传统工业转型
为绿色工业需要大量的资金来改造现有的生产设备和基础设施，以适应新
的环保标准和要求。同时，开发创新的环保技术也需要投入巨大的研发资
金。这意味着各国政府和企业需要加大投资力度，但这也会给财政预算带
来压力。

绿色工业革命可能会导致工业结构的调整和就业市场的变化。传统的高
污染、高能耗的产业可能会减少，而环保产业和绿色技术行业可能会蓬勃发
展。这就意味着一些劳动力可能需要进行转岗或者重新培训，以适应新的职
业要求。同时，一些传统的工业地区可能面临着就业岗位减少和经济结构调
整的风险。

绿色工业革命还需要国际合作和政策的支持。气候变化和环境问题是全
球性的挑战，需要各国共同努力来解决。然而，不同国家之间的发展阶段和
利益差异可能会导致合作产生困难。此外，各国政府之间的政策不一致性也
可能增加企业在不同国家投资和运营的风险。

绿色工业革命中还存在技术和市场推广的难题。虽然绿色技术已经取得
了一定的突破和应用，但仍然面临着一些技术难题和成本问题。例如，可再
生能源的供给和存储技术仍然需要进一步发展，以满足工业的需求。同时，

市场推广也需要时间和努力，传统产业和消费者对绿色产品和服务的认可和接受程度还有待提高。

绿色工业革命还需要建立完善的法律和政策体系。制定和执行环保法律和政策是推动绿色工业革命的重要举措。然而，不同国家之间在立法和执行方面存在差异，这可能会导致环保标准和要求的不一致。因此，建立国际环境保护协议和标准也是绿色工业革命发展中的重要任务。

近年来，中国的经济快速增长和对环保可持续发展的追求之间形成了一种紧密相连的关系。政府强调绿色经济及碳中和，即通过推动可持续发展和采用清洁能源，以应对环境污染和气候变化等问题。然而，在实现绿色转型的过程中，中国也面临着一系列挑战。

中国的绿色技术基础创新不够先进，可再生能源产业链也还不够完善。尽管中国成为了全球最大的可再生能源生产国，但其技术水平和产业链的完善度仍然有待提高。在太阳能和风能等领域，中国在制造和安装规模上具有竞争优势，但在关键技术和核心材料供应链方面仍然有所欠缺。此外，绿色技术创新的投入和商业化面临着融资难和市场化转化难的问题。

中国在推动绿色工业革命中需要面对政策和监管的挑战。政策的稳定性和一致性对于吸引投资和鼓励绿色创新至关重要。整合不同政府部门并在这过程中协调各方利益也是富有挑战的工作。此外，为了提升人民的环保意识和保障持久发展，政府需要加强政策的监管和协调，提高环境保护和可持续发展的整体效果。

中国在兼顾绿色工业革命和经济快速增长中面临着诸多挑战。通过加强政策支持、技术创新和市场化推广，中国有希望实现绿色工业发展和可持续经济增长的目标。这不仅对中国，而且对全球的环境改善和经济发展都具有重要意义（China Energy Portal，2019；Deng et al.，2015）。

总之，虽然绿色工业革命面临着一些挑战，但其发展前景依然广阔。我们可以通过国家战略举措加大投资和技术创新、转变工业结构和就业市场、推动国际合作和政策支持、解决技术和市场推广难题，并建立完善的法律和政策体系。这些举措及其推进将对全球经济、环保和科技发展产生积极影响。世界各国可以共同推动绿色工业革命的发展，促进经济发展和环境保护的良性循环。

2. 实现"双碳"面临的紧迫挑战与机遇

中国推动能源转型需要大量的教育程度更高的劳动力。社会需要培育对环境一贯采取负责任态度的企业，企业需要提高员工的劳动技能。环保型科技需要全新的绿色劳动力。在中国被广泛认知的事实是：进行能源转型必须对劳动力进行大规模的再次培训，提供适合绿色工业革命的新质生产力。

在新能源领域中培育和留住人才变得至关重要，并需要扩大对新型人才的精进教育。为了实现人尽其才，为新能源领域的发展作出自己的贡献，我们需要创造一个具有吸引力和充满良性竞争的环境。

中国正在绿色工业革命中建立先进强大的科技力量，将该力量应用于能源基础设施建设中造福人民。五年规划是中国国民经济计划的重要组成部分，这种总体规划为各地区经济发展提供了详细的指导方针。在引领绿色工业革命方面，"十二五"规划重点放在减少国家的碳排放，同时关注气候变化和全球变暖问题。"十二五"规划提供了充足的财力支持，使中国用于支持绿色工业革命技术和产业的资金有可能超越西方国家。

"十三五"规划在绿色工业革命方面的重点已放在节能减排，推动实现"双碳"目标。国家在相关的经济、高科技领域快速向前推进。在"十四五"规划中，中国继续加大对可再生能源的投资和支持，加速推进光伏发电、风电等项目的建设，提高可再生能源发电的比重。加大投资支持将有助于中国在经济发展中占据优势地位提升在碳中和背景下的竞争力。

8.3　绿色工业革命的发展前景

世界正处于一个气候变化危机的关键节点，在全球气候变暖和环境恶化的过程中，这一节点可能成为不可逆的转折。但是这也是一个富有机遇的时代，亟待汇聚智慧、创造力和资本推动绿色工业革命，以实现人类的自救。

可持续发展和采用净零碳排放能源发电的时代正在来临。我们必须在全球范围内做出对地球有益的决策和行动。使用可再生能源、践行无碳经济的生活方式，将成为历史上规模最大的社会和经济的发展大趋势。为了实现经济复苏、碳中和创新、新兴技术推广和就业增长，可运用举国体制这一特殊的资源配置与组织方式来获得巨大的潜在利益。

1973—1974 年阿拉伯石油禁运事件发生之后，日本以及一些欧洲国家萌生了一个压倒一切的政治需求——实现能源独立。它们的应对措施是提高汽油税和努力提高能源效率。正好，日本擅长节能并历来具有这样的历史传统、文化和需求。作为一个岛国，日本本土的能源供应有限，高度依赖进口，因此几十年来，日本十分注重节约能源及水资源，发展通过回收废物和原料来创造利润的企业。

世界各国都在逐步意识到用可再生能源取代化石燃料的必要性。法国在核能源利用上投入了巨资，如今法国 70% 以上的能源来自核电（Statista Research Department，2024）。目前，虽然核电是法国最好的选择，但它还将花费更多的时间来发展其他可再生能源。发展中国家，如巴西、智利和泰国都涌入了绿色工业革命的大潮中，并明智地增加能源结构中可再生能源的比重。岛屿国家，如英国、新加坡、加勒比地区国家、菲律宾、日本、塞浦路斯、毛里求斯等，都越来越多地增加它们的经济中无碳能源发电的占比。世界各国各地都慢慢意识到自己的未来不能植根于第二次工业革命后，他们都开始寻找更好的能源及环境解决方案。而推动绿色工业革命是可持续的、长期的和符合成本效益的解决方案。

1. 建设可持续社区是福泽子孙后代的关键变革

不断减少的自然资源和全球对自然资源的频繁需求，这两者间的矛盾日趋激烈。如果全球能源政策不做出改变，那么由化石燃料供应与敏感地缘引起的政治和社会紧张局势将越演越烈，因为化石燃料正在日趋稀少且愈加昂贵。随着化石燃料减少，全球变暖加剧以及世界人口持续增长，人类想要维持高质量生活将变得越来越困难。

绿色工业革命的基础是可持续发展和充满活力的社区。欧洲和亚洲的多个国家已经在可持续发展和建设能源安全的社区方面迈出了自己的步伐。譬如，通过当地可再生能源的使用，储能设备的建设和新兴技术的开发，建设一个可持续发展的智能社区，使之成为吸引当地居民及更大地区生活网络的一部分。便利的、可持续发展的社区，必须发展环保的可再生能源，处理好垃圾，节约用水，并建设合理的交通及通信系统等基础设施。可持续社区必须从采用传统的集中式发电厂和不可持续的基础设施系统，过渡到使用分布式可再生能源，开发循环利用技术，并进行废物管理，优化水供应，制定绿色建筑标准和环保的土地管理制度。

基于分布式可再生能源的绿色智慧电网，将有助于建立各种规模、种类，拥有不同文化和语言的可持续发展的社区。使用再生制动系统、飞轮或燃料电池提供的实用、高效的能源存储系统，将确保优质稳定的发电。智慧电网将不断监测配电和输电，以确保将电力供应到有需要的地方，譬如住宅、办公楼、学校、交通运输系统等。

打造便利的、可持续的、智能的社区对于急需减少环境污染的今天和绿色可持续的明天来说具有重要意义。全球变暖和气候变化的解决方案已经存在，世界各国需要提出相应规划并加以实施。采用这个新的碳经济的解决方案，可以使国家取得能源独立，摆脱对外国石油和天然气的依赖。

中国、德国、丹麦等国家以及联合国和世界银行等组织正在制定的发展战略，都在积极推动绿色工业革命。同样重要的是，发达国家需要减少其对中东能源的依赖。石油消费国和石油供应商，在动荡的地缘政治区域，形成了庞大的无止境的财富转移通道。这些财富转移造成了政治的不稳定，进而威胁着世界安全。其占据了许多宝贵的财政资源，使许多国家不能专注于解决重要的国内问题。

有一些简单、易行的方法能使一个国家进入一个新时代。当前的经济衰退实质上根源于第二次工业革命。当欧洲和亚洲的国家发现化石燃料只会带来不可持续的未来的时候，其他国家，如美国，仍在继续投资化石燃料，支持海上钻井、采矿和倒卖矿山，污染河流和海洋。对此，可以实施一个简单的解决方案，即对那些国家的化石燃料征税，然后将这些收入用于投资可再生能源及智慧电网技术。

还有一些其他简单的解决方案可以产生巨大的影响。例如，所有国家都应该制定能源政策，把可再生能源置于最高优先级。德国已经这样做了，它对其国家计划中关于资金的投入进行了审查。另外，也可以要求使用可再生能源混合动力或氢动力的汽车。在气候允许的情况下，建筑规范可要求新的住宅和商业设施必须配备太阳能光伏和可回收有机废物的简单的生物质能源发电系统。这些方案可以从较小的地方开始实施，如相对独立的社区、较大的城市或地区中的村庄。社区需要摆脱对使用化石燃料发电的中央电网的依赖，并通过使用可再生能源成为可持续的和不损害环境的社区。

分布式可再生电源比中央电网更有效率，丹麦的一些社区便很好地利用了分布式可再生能源。它们使用风能和生物质能互补系统以提供基本负荷。

为了最大限度地提高效率，这些系统需要根据当地的自然资源特征对能源进行整合。此外，提高储能设备使用率将大大提高对这些间歇性的发电资源的利用效率。这是因为太阳并不总是灿烂，风也不是总在吹。我们的目标必须是通过可持续社区打造可持续的国家，这些国家可以不依赖于国外和国内的石油资源。此外，发展可再生能源发电系统提供了广阔的投资机会，创造了许多绿色就业机会，可以重振低迷的世界经济。

新的全球经济模式正在到来，全球经济即将经历一个巨大的转变——从强调化石燃料和核电的经济模式转变为使用可再生能源，注重公共健康、安全环保的高科技型新经济模式。这些高科技正在变得越来越有商业吸引力和成本效益。消费者也开始在他们的家里、办公室和田间地头安装太阳能和风能发电系统。然而在有些国家，如美国，却仍然停留在第二次工业革命状态。他们缺乏由全国性大型金融和政治领导层做出承诺，并开始大规模的能源创新。

每个国家都需要有一个全面的总体规划，以解决其人民和环境相互作用时发生的问题。该规划应涵盖政府、企业的能源开发、水资源利用、废弃物处理，电信、交通等基础设施，公用事业等方面。如果没有一项国家规划，没有行动，没有改善，没有新的资源，肯定无法对环境恶化作出积极响应。

中国是一个已经采取了这种规划的国家。自1953年以来，中国已经作出多个五年规划——中央政府的政策和方案，为政府和人民指明方向。

国家规划必须衔接和整合好所有公共基础设施的部件。这样一来，便可以控制或减少基础设施建设、运营和维护的重叠和成本。设定的基础设施可以在基层进行改造、运行和维持，并满足区域和国家的目标，如减少碳排放。这个规划应采取不同的角度、形式和成本结构。因此，应用新的经济学是关键。

在一些实行绿色工业革命的国家，中央电网已被替换，分布式发电替代了大型化石燃料发电厂或核电厂。这些更新后的电网允许反向流动，它可以从住宅的太阳能发电装置中收集产生的剩余能量。对此，做好规划是必要的，因为当数百个小型住宅系统集中后，产生的电力可以很容易地对现有的配电系统造成压力。例如，在一个阳光灿烂的日子，太阳能产生的多余的电力可以很容易地超过电压管理系统的上限，而新的绿色智慧电网系统必须能够管理这些变化。

发展绿色工业革命的目标是实现可持续发展。传统工业模式所带来的资源浪费、环境破坏和社会不平等已经达到了不可持续的程度。我们需要转向更加环保和社会公正的发展路径，以确保我们的子孙后代也能够享受到美好的生活。

为了推动绿色工业革命的发展，我们需要政府、企业和个人共同努力。政府应该出台相关政策和法规，鼓励和支持绿色技术的研发和应用。企业应该积极采取环保措施，减少碳排放和资源消耗。个人也可以从小事做起，如节约能源、减少废物和选择环保产品等。

2. 时间很紧迫，人类需迅速采取行动

人类正处在一个"十字路口"。地球每年越来越热，留给人类来拯救生态健康的时间已经不多了。气候变化真实可见，这颗星球正在被冰川融化、海洋酸化、植物和动物物种减少以及极端气候事件所威胁。气候变化每年造成成千上万人丧生，近年来给世界经济造成每年大约 1.2 万亿美元的损失。

遗憾的是，最容易受到气候变化和全球变暖威胁的是世界上那些依赖农业和渔业而生的穷人。然而，就像美国也会遭受飓风和干旱的影响一样，世界上没有任何一个国家，即使是最发达的国家也不能够幸免气候趋向恶化带来的危害。

不迅速采取行动，或者根本不行动的后果是使得环境改造成本提升，而对环境无害的可再生或替代的路径的收益将减少。采取强有力的行动才有可能确保经济和环保的双重收益，同时保护好我们的地球。

3. 新的世界经济浪潮即将来临

从依赖化石燃料和核能的经济，转型到以利用可再生能源为中心的经济，这个过程已经开始，中国、日本、韩国和欧盟已经处于此转型过程之中。中国、日本和韩国政府都设立了支持可再生能源的国家能源政策、计划和资金。欧盟正在采取区域性措施，推动其成员通过使用可再生能源、储能装置和其他技术来实现能源自给自足目标。

新的全球经济正在被一种混合型的新经济所引领，学者们称之为社会资本主义经济。这种新经济现象在中国尤为明显，这里蕴含着大量推动绿色工业革命的机遇。绿色工业革命所带来的是一种关注可持续发展的公共利益的绿色经济，这种经济以可再生能源生产为中心，重点发展与能源、运输、电信、建筑和自然资源相关的社会基础设施。

世界各国正在逐步意识到，制定一个智能化并且长期持续不变的能源政策，对稳定能源市场具有必要性。那些具有远见卓识并抓住绿色工业革命机遇的国家，正在迎来一个充满就业机会与商业机遇的新时代。

随着绿色工业革命的不断发展壮大，更多的国家投身其中并开始营造富有、健康的未来生活。绿色工业革命迫在眉睫，为了确保我们的子孙后代过上幸福生活，世界各国必须迅速地开始行动。

发展绿色工业革命是应对当下严酷的气候变化及环境恶化所必须采取的措施。它不仅可以减缓气候变化的速度，还可以实现可持续发展目标，为我们的子孙后代留下一个更美好的世界。让我们共同努力，为绿色工业革命发展贡献自己的力量。

第9章 展望及总结

随着全球气候变化及环境问题日益严峻，各国政府和社会各界都在积极探索和实践减少碳排放、实现碳中和的路径和措施。人类如今面临的挑战之一是大量的温室气体排放对气候变化造成了严重影响。为应对这一挑战，中国把实现"双碳"目标作为国家战略，加强新能源的发展和利用，力图为人类后代创造一个更美好的环境。

国家的能源安全问题已成为碳交易市场发展的重要考虑因素。通过实施碳交易市场机制，可以鼓励企业减少温室气体的排放，并加大对清洁能源的投资。这有助于降低对传统能源的依赖，促进能源结构的优化升级，提高国家能源安全的稳定性和保障能源供应。

中国在解决气候变化和推动可持续发展方面的积极态度将对世界碳中和的进程产生深刻的正面影响。中国将在致力于实现"双碳"目标的同时，继续推动全球气候治理合作，致力于打造一个更加绿色、清洁和可持续的世界。

9.1 展望

"双碳"已成为当今应对全球气候变化问题的主要关键词，其他关键词还有碳汇、碳捕集、碳储存和绿色能源革命等。

在本书中，我们深入探讨了碳中和与绿色能源的重要性及相关议题，并建立了深入的理解和认识。我们就碳中和的概念展开了各方面论述，强调了减少温室气体排放对于减缓全球气候变化的关键作用。为实现碳中和，我们需要采取积极的环保政策和可持续发展的战略。

随着技术的不断进步和全球社会的共同努力，我们可以期望碳中和将逐渐成为现实。各国正在制定和推进更加严格的碳减排政策，加大对绿色能源技术研发的支持力度，推动碳排放减少、碳捕集和碳储存等关键技术的发展。同时，碳交易市场将进一步完善，激励企业积极减少碳排放并实现碳中和。因为技术的进步和政策的引导，中国在新能源产业方面取得了显著的进展。中国的碳经济为解决全球气候变化问题带来了希望。中国作为世界上最大的温室气体排放国，已经意识到了保护环境和应对气候变化的重要性。中国"双碳"目标的设立，对减少温室气体排放，改善空气质量和生态环境产生了深远且显著的影响。中国通过促进可再生能源的发展、推动能源结构优化和提高能源利用效率来实现"双碳"目标，这将创造更加可持续和绿色发展的模式。

中国在新能源和碳经济领域的发展前景相当乐观。随着科技进步和人才培养的不断推进，中国将能够在新能源技术上取得更大的突破和创新，提高新能源的利用效率和可靠性。中国的碳经济发展将进一步提升国家的竞争力，吸引更多国际合作和投资。我们需要齐心协力，共同努力，以碳汇、全球行动和绿色能源革命为引领，为打造一个更加清洁、美好的未来而努力奋斗。

通过前文，我们看到，碳中和及绿色能源发展已经成为全球共识。各国将共同努力，加大对可再生能源和清洁能源的支持，推动碳减排和气候行动，共同打造美好的未来。

9.2　碳汇及绿色能源的未来

碳汇这一概念值得重点关注。碳汇指的是吸收大气中的二氧化碳，将其储存于生态系统中，如森林、湿地等，以减缓气候变化的影响。从长远来看，发展碳汇工程对于实现碳中和至关重要。而在实现碳中和的过程中，在全球范围内开展应对气候变化的行动显得尤为迫切。政府、企业和个人都应该承担起责任，共同合作，采取有效措施来减少碳排放，促进碳中和的实现。

碳减排技术已经成为减缓气候变化的重要手段之一。在此基础上，设立"双碳"目标成为减少碳排放、应对气候变化的核心措施。本节将从碳经济和"双碳"、碳汇及绿色能源着手，探讨现有技术的不足和未来发展方向，以期为环保和经济发展提供参考。

碳达峰表示二氧化碳排放达到峰值之后开始逐渐减少。碳中和意味着将大气中的二氧化碳量维持在可持续水平。在达到二氧化碳排放峰值之前，我们要先掌握减缓排放的措施。实现碳达峰的措施有很多，如采用可再生能源来替代化石燃料、提高生产资源的效率、改进能源转换技术等。所有这些措施的目标都是减少二氧化碳排放，以便实现碳达峰的目标。

进入碳达峰阶段后，我们需要进一步推进碳中和技术。因为即使将人类的碳排放降低至零，大气中还是有一定的二氧化碳存在。为了达到碳中和的目标，我们需要去除大气中过多的二氧化碳，将其储存到地下或用作其他用途。目前存在的二氧化碳去除技术主要有三种：生物去除法、化学还原法和物理吸附法。

生物去除法指的是利用植物或其他微生物来将二氧化碳转化为有机物，从而将其从大气中移除。相较于其他两种方法，生物去除法的过程更加自然、环保，具有成本低、安全、可持续等优点。不过，这种技术也有一些限制，如温度、湿度、氧气和养分等环境因素会对去除速度和效率产生很大的影响。

在化学还原法中，二氧化碳被转化为固态或液态化合物，如烷基卡必酸、碳酸酯。这种技术具有较高的能耗和设备成本，同时储存和处理所产生的化合物也需要额外的处理过程。不过，这种技术仍然被广泛应用于许多工业领域，如微生物培养、造纸工艺和工业化学品的制造等。

物理吸附法则是通过物理手段将二氧化碳吸附到媒介材料中，如炭、氧化铝或者其他单质金属等。这种技术相较于上述两种技术更加成熟、经济、安全。同时，这种技术采用的媒介材料也具有良好的适应性，在不同的环境条件下有着广泛的应用领域。综上所述，目前的二氧化碳去除技术仍然处于实验和发展阶段。这些技术未来的应用范围很广，并将进一步在商业化阶段趋于成熟。其价格竞争及产品成熟度的问题，在未来将会有明显改善。总之，二氧化碳去除技术的效率和成本还有待于进一步优化。

随着科技的不断进步和人们环保意识的提高，相关技术产业发展的真正优势已逐渐显现。中国的碳交易市场在未来将呈现出多元化的发展趋势。通过设立"双碳"目标，推动清洁能源行业发展，促进智慧能源和分布式能源资源的运用，以及优化能源结构，中国将为实现可持续发展作出积极且巨大的贡献。

可再生能源发展是一个历史机遇，是解决气候变化问题的契机。中国政府正通过加大投资、鼓励创新以及提供政策支持，积极推动新能源产业蓬勃发展。

从太阳能、风能到水能，中国在各个领域都取得了显著的进展。这些可再生能源的开发和利用不仅能满足国内的能源需求，还能推动相关产业的发展，创造大量的就业机会。

在对实现碳中和的展望中，可以预见各国政府将更加积极地推动全球碳减排目标的达成。国际合作将变得更加密切，各国将共同努力推动碳中和技术的创新和应用。除了政府层面的参与，企业和民间人士也将积极响应碳中和的号召，主动减少碳排放并采取碳抵消措施，以推动碳减排工作向更高水平迈进。

9.3 "双碳"的未来

未来发展需要关注碳中和方面的需求，这包括使用可再生能源技术降低经济成本，实现相关产品快速量产，满足经济和绿色低碳环保的要求。开发普及化、最优化的低碳减排和碳中和技术是重要的发展方向。通过综合混搭式能源的应用，我们可以提高能源利用效率，同时减少温室气体排放，实现经济发展与环境保护的双赢。不断推动可再生能源技术的研发和产业化的成功，可降低相关技术的成本，推广商业化应用，提高可再生能源的市场份额，加快能源转型。只有这样，我们才能迈向碳中和的未来，为地球的可持续发展作出积极贡献。

9.3.1 "双碳"概述

"双碳"已经成为应对全球气候变化的重要策略，它可以有效遏制气候变化对地球造成不可逆转的损害。碳达峰是指国家或地区达到温室气体排放量的峰值，之后其排放量开始减少。碳中和的目标是使国家或地区的温室气体净排放量为零，其工具是减少温室气体排放以及提高吸收碳排放的能力。

清洁能源特别是绿色能源在能源结构转型中扮演着重要角色，是实现可持续发展和减排目标的关键。在过去的几十年中，太阳能和风能作为主要的可再生能源，逐渐得到了广泛的应用和长足的发展。

绿色能源包括太阳能、风能、水能等清洁、可再生的能源，与传统的化石能源相比，更具环保性和可持续性。随着技术的不断进步和成本的逐渐下降，绿色能源的应用范围不断扩大，为碳中和提供更多可能性。因此，绿色能源革命不仅是一场技术革新，更是一场能源结构的转型和发展方式的更新。

在能源结构转型中，太阳能和风能的占比逐渐增加。这体现了人们对传统石化能源使用量的减少和对可再生能源依赖度的加深。根据预测，到 2060 年，太阳能和风能在中国能源结构中的占比将分别达到 47% 和 31%，在总能源中将起到至关重要的作用。这种发展趋势有助于实现"双碳"目标，推动经济的碳中和特性。

可再生能源的发展与碳中和产业有着密切的关系，它们彼此相辅相成、互相依赖，并且有着强烈的相互作用。可再生能源的技术发展是实现碳中和目标的重要手段之一。通过大规模利用太阳能和风能等可再生能源，可以降低对传统高碳能源的依赖，减少温室气体的排放，从而实现能源结构的良好转型。

为实现"双碳"的目标，国家需采取综合措施。加大可再生能源的开发和利用，包括太阳能、风能、水能等，以减少对化石能源的依赖。推动能源结构转型，加快发展清洁能源技术，推广电动汽车和可再生能源发电，减少传统燃煤发电和汽车尾气的排放。

国家还应推动和鼓励加强能源管理和安全，提高能源利用效率，采取措施优化能源结构。通过制定合理的能源政策，推动能源的可持续发展，提高能源供应的稳定性和可靠性，确保国家能源安全。

环保要求是实现"双碳"的重要考虑因素。国家应加强环境治理，建立严格的环保标准和监管体系；加强污染源控制，减少污染排放量和废物的产生；鼓励绿色低碳生产和消费模式的发展，推广循环经济，减少资源的浪费和环境的污染。

为满足可持续经济发展的需求，国家要鼓励各种创新、高质量的发展及碳中和和低碳经济。通过推动绿色低碳技术创新、加大投资力度，培育低碳产业，推动能源结构和产业结构的转型。

可再生能源与碳中和是相辅相成的。在实现"双碳"的过程中，可再生能源是至关重要的一部分。它们能够有效替代传统能源，减少温室气体的排放，降低对环境的影响。"双碳"的目标也推动了可再生能源技术和产业的进一步发展，促使可再生能源技术得以快速成熟和推广。

总之，"双碳"是应对气候变化的重要策略，它涉及国家经济、环保和能源安全的多个方面。我们只有通过实施综合措施，才能实现经济和环境的双赢，为人类创造更加可持续的未来。

9.3.2　"双碳"技术的发展

鉴于生产力及技术对于可再生能源的需求，我们需要进一步改进能源存储技术以应对可再生能源供应的不稳定性。随着信息技术的快速发展，数字经济已经成为当今世界经济的重要组成部分。数字经济指的是运用信息技术和互联网等数字化手段进行生产和交换的经济形态。在能源领域，数字电力技术可以实现对电力生产、传输、使用等环节的数字化管理和控制，提高能源利用效率和运营效率，减少能源浪费和环境污染。

能源区块链是近年来兴起的一项技术，它将区块链技术与能源产业相结合，实现能源市场的分布式管理和交易。能源区块链可以提供可信、安全和高效的能源交易平台，促进能源供需的匹配和能源的优化配置，这有助于推动低碳能源的发展和应用。

在"双碳"目标下，实现可再生能源的广泛使用和消费市场的优化是至关重要的。实现可再生能源的广泛使用需要加强对可再生能源（如太阳能、风能、水能等）的开发和利用，减少对化石燃料的依赖。同时，实现消费市场的优化需要通过政策引导和市场机制推动能源高效利用和低碳生活方式的普及，激励企业和个人采取节能减排措施，促进可持续发展。

9.3.3 "双碳"产业的发展

面对日益严峻的气候危机，"双碳"是应对气候变化的关键策略，其旨在减少排放的温室气体并将其吸收或存储起来。

经济和技术领域的发展创新充满了实现"双碳"目标的潜力。开展碳捕集和碳储存技术研究是重要的一步，这些技术能够将二氧化碳从工业排放中分离并长期储存起来，以减少大气中的温室气体含量。部分的碳汇技术总结如下。

（1）碳捕集技术。碳捕集技术是指在工业生产或能源使用等应用领域中，通过物理或化学方法将二氧化碳从烟气中分离出来，达到减排的目的。但是传统碳捕集技术具有成本高、占地面积大、运营复杂、需要配备成熟的后续处理机制等问题，难以广泛推广和应用。还有一些新型碳捕集技术及碳捕集和利用技术，如生物碳捕集、有机盐吸附、催化剂的应用等，尚处在实验室阶段，需要进一步发展和优化。

（2）碳利用技术。碳利用技术是指利用废气、废物等二氧化碳排放来制造有用、有价值的产品，如液体燃料、肥料、化学品等。这种技术理论上比碳捕集要更有优势，因为它可以生产有价值的产品并降低碳足迹。目前，有些碳利用企业已经在大规模运营，但是碳利用技术缺少标准和规范，生产成本也比较高，有待进一步提高经济效益。

（3）碳储存技术。碳储存技术是指通过地下水层、矿井、岩层等方式储存二氧化碳，使其不会被释放到大气中。这种技术在理论上是可行的，但是对于储存的可靠性、存储基础设施的建设等有很高的要求，还存在安全风险，因此需要谨慎应用。上述内容只是介绍了一部分碳汇技术，每种技术都有其局限性和适用性，仅仅靠单一技术无法实现碳减排目标。需要综合利用各种技术的优势，形成系统化的碳减排方案，推动"双碳"的成功落实。

碳中和技术的发展旨在大规模使用清洁绿色能源，减少排放的温室气体；并将空气中的碳排放吸收或存储起来。"双碳"是应对气候变化的战略目标及关键策略。高科技的发展和应用，将对实现"双碳"具有重要意义。

产业转型是实现"双碳"的关键之一。许多行业需要加快向低碳和零碳排放的方向发展。例如，交通运输领域可以推动电动汽车的广泛使用，减少化石燃料的消耗；工业领域可以采用更加清洁和高效的生产工艺，减少对能源的依赖和排放；农业领域可以优化农业管理实践，减少农药使用和畜禽养殖的温室气体排放。

国家规划对于"双碳"产业的发展具有很大影响。各国纷纷设立"双碳"目标，制定政策和法规，支持和引导"双碳"产业的发展。这为新兴能源技术和产业提供了广阔的市场和发展空间。

政府政策的制定和支持是实现"双碳"的重要因素。政府可以通过设立碳排放标准和碳交易市场，引导企业和个人减少排放并改造生产方式。同时，政府还可以提供激励措施，如减税、补贴和奖励，鼓励相关技术和产业的发展，推动"双碳"目标的实现。

教育和意识形态的改变对于"双碳"的成功实现至关重要。创新推广是实现"双碳"的关键，需要提高公众对气候变化和"双碳"的认识和理解，以便更多人参与到未来的低碳发展中来。通过教育、宣传和媒体渠道的广泛宣传，可以促进社会各界达成共识并开展行动，加速"双碳"的进程。

"双碳"需要消费者和企业的积极参与和投入。消费者应该加强自身的环保意识和责任感，积极推动碳减排、碳中和的实现。另外，企业应建立零碳文化价值体系，可以通过技术创新和产业升级，降低其碳排放，提高资源利用效率，推动绿色发展。最后，社会各界可以积极参与碳交易市场，通过碳交易实现碳减排，并获得经济层面和社会层面的双重收益。

总之，"双碳"是一个长期而复杂的任务，需要政府、企业和社会各界的共同努力。"双碳"在技术和产业方面的发展需要技术创新、产业转型、政府政策支持和公众意识的改变。只有全社会共同努力、开展行动，我们才能从根本上解决气候变化问题，实现全球碳减排目标，建设更加美好的未来。"双碳"产业正在成为经济发展的新动力，该动力正在推动着经济向高质量和绿色可持续的方向发展。

9.4　碳中和与气候变化的未来

9.4.1　挑战及机遇

随着气候变化问题日益严重，碳中和已经成为全球各国共同的目标。未来，随着技术的不断进步和全球社会的共同努力，碳中和将逐渐成为现实。各国将制定更加严格的碳减排政策，加大对绿色能源技术研发的支持力度，推动碳排放减少、碳捕集和碳储存等关键技术的发展。碳交易市场将进一步完善，激励企业积极减少碳排放并实现碳中和。

气候变化将继续对全球环境和人类社会产生深远影响。未来需要各国加强合作，共同制定更加具有针对性和执行力的应对气候变化的政策。同时，公众教育将成为促进气候行动的关键，唤起全球社会对气候变化的关注和行动。

我们正逐渐迈向一个充满挑战及机遇的未来。为了应对气候变化，未来我们将推进碳中和及温室气体控制。全球各国及社会亟需采取行动，共同努力构建一个可持续的未来。

我们需要加大对电力低碳化的推进力度。电力产业是全球能源消耗最大的产业之一，而且其碳排放量很庞大。通过减少化石燃料的使用，大力发展可再生能源，如太阳能、风能及其他清洁能源等，可以显著降低电力产业的碳排放，实现低碳生产和消费。另外，热力产业，特别是工业用热的零碳化发展十分重要，这是国际竞争的制高点。如何将工业及相关部分供热转为零碳供热是一个巨大的挑战，需要开展大量原始技术或工艺的创新。

节能减排技术的发展至关重要。尽管目前存在各种节能减排技术，但它们的性价比和普及性仍有待提高。许多技术仍处于高价位且性能不完善的阶段。为了实现经济发展与碳中和目标之间的平衡，我们需要进行合理的选择并对技术进行优化。

技术普及还需要政府支持和市场引导。政府可以通过制定相关政策和法规，提供资金支持和减税优惠，激励企业和个人采用节能减排技术。同时，市场需求也可以起到推动作用，更旺盛的市场需求将促使技术的改进和成本的降低，使得节能减排技术更加普及和可行。

为确保国家在低碳经济竞争中具有竞争力，我们需要加强创新和技术研发。投资研发和应用多种可再生能源技术，推动能源转型和绿色发展至关重要。这需要国家制定相关政策和法规，激励企业和个人在低碳经济领域的创新和行动。

最重要的是，应对气候变化是一个全球性的挑战，需要全球社会的共同努力。在国际层面，我们需要加强国际合作，制定全球性的减排目标，共同承担责任，共同推动绿色发展。

总之，我们面对气候变化必须迅速采取行动。通过电力低碳化和能源效率优化，我们可以减少碳排放，实现可持续发展。我们可以通过合理选择、优化配套设施和市场引导来加速技术的普及和推广，并确保国家在低碳经济中具有竞争力。这将有助于实现节能减排目标，为应对气候变化和推动可持续发展作出积极的贡献。应对气候变化需要全球社会的共同努力，一起建设一个更加繁荣和可持续的绿色地球。

9.4.2　讨论

有些人对于全球变暖持有一种不同的观点，他们认为地球温度的波动是由火山活动引起的，地球的升温主要是因为火山活动增加，而非人类活动导致的。这种观点一直存在争议，也引发了很多讨论。火山活动可以释放大量的二氧化碳和其他温室气体，对地球气候产生一定的影响，尤其在短时间内可能引起一定程度的温度波动。虽然火山活动是影响地球气候的一个因素，但无法否认人类活动对气候变化产生的巨大影响。

碳中和技术和绿色能源的推广和应用，是当今减缓气候变化、实现可持续发展的有效途径。通过减少化石燃料的使用，提倡利用可再生能源，推动能源转型与碳中和技术的发展，人类可以降低温室气体排放，减缓气候变化的速度，为地球大气层及生态平衡提供更可持续的发展路径。

9.5　绿色能源革命在世界各地的传播

碳中和事业将推动绿色能源技术的大量创新和应用。太阳能、风能等清洁能源正在成为主流能源，替代传统的化石能源。这有助于从根本上减少碳排放。同时，清洁能源的成本将进一步降低，更多国家和地区将趋向碳中和，实现可持续发展目标。

随着绿色工业革命的发展，世界将进入历史上下一个重大的社会和经济时代。参照本书第 6 章的讨论及文献，绿色能源革命的市场化在世界各地特别是在亚洲开始实行。欧美主要凭借其先进的风能、光伏与储能技术，率先点燃了绿色能源革命的星星之火。通过《巴黎协定》框架下的技术合作与资本输出，这些可持续能源高科技"红杏出墙"，迅速在亚洲市场扎根。中国成为关键推动者，通过规模化生产与政策扶持，将光伏组件、动力电池等绿色技术成本降低 80% 以上，推动全球可再生能源装机量爆发式增长。亚洲的工业化应用有力反哺了欧洲市场。绿色能源革命正在全球范围成为主流，它会完成对能源产生、供给和使用方式的完整的结构调整。它将塑造一个蕴含非凡潜力和机会的革命性时代，促进科学和能源领域产生卓越的创新，推动社会走向可持续发展和无碳经济，而这些是靠先进的技术（如氢燃料电池）和无污染技术（如风电和光伏发电）来驱动的。以小社区为基础的现场可再生能源发电模式将替代用大量化石燃料和核动力进行中央供电的模式，而且绿色智慧电网将毫不费力、有效地为智能家电供电。增材制造技术将最大限度地减少资源浪费，光电技术和智慧能源的新应用将对全球经济产生深远的影响。

9.5.1 在欧洲的传播

欧洲是全球绿色能源发展的领头羊之一，近年来欧洲各国在碳减排和可再生能源利用方面取得了显著进展。欧洲正在继续加大对绿色能源技术创新和应用的支持，促进绿色能源在能源结构中的占比不断提升，为实现碳中和目标作出更大贡献，力争在 2050 年前实现碳中和。

欧洲委员会提出了 2050 年前实现碳中和的目标，并计划在 2030 年前将温室气体排放量减少至 55% 以下。许多欧洲国家已经设定了碳中和的目标，并采取了一系列措施来减少温室气体排放和对化石燃料的依赖程度。如丹麦计划在 2030 年实现 100% 的可再生能源供应；德国也在积极推动可再生能源的发展，尤其是太阳能和风能。欧洲的碳交易市场也在不断发展，为企业提供经济激励，减少碳排放。欧洲的碳排放交易体系和碳排放交易系统是实现碳中和的重要工具。

欧洲作为绿色能源革命的领导者，其中许多国家在发展绿色能源方面取得了显著进展，风能、太阳能和生物质能等可再生能源的利用率不断提高。另外，欧洲在能源存储和智慧电网等技术方面也取得了重要突破。

此外，欧盟促成了绿色工业革命的兴起。20 世纪末的区域合作、石油价格飙升、资源枯竭和环境恶化是绿色工业革命的催生剂。当时的欧盟国家特别是德国、英国、法国也位于绿色工业革命的第一梯队。这些国家对碳交易的商业化及碳中和进行了立法。

德国最早采取的措施就是对可再生能源上网电价给予补贴，这是一项由政府制定的旨在鼓励人们接受可再生能源和刺激金融发展的措施。德国在《可再生能源法》中加入了补偿性上网电价政策。这个了不起的法案政策旨在鼓励采用可再生能源，以加快"平价上网"的步伐，使可再生能源发电电价能够和现有电网中的电价保持一致。在此基础上，该法案提出了一种可再生能源发电的电力系统定价模型。由于建立了基于可变成本的联网电价制度，德国政府得以鼓励使用可再生能源技术，如风电、光伏发电、生物质发电、水电和地热发电等。用补偿上网电价政策促进了太阳能和风能产业的增长，并创造了新的"绿色"就业机会。尽管北欧的太阳能资源并不丰富，德国仍在太阳能领域维持世界领先地位，直到 2010 年中国超越德国成为第一。

其他欧洲国家也有类似的措施。例如丹麦计划到 2030 年实现国内全部电力来自可再生能源发电。在朝着这个目标努力的过程中，该国创造了新的产业和职业。丹麦的维斯塔斯（Vestas）公司是目前世界上领先的风电设备生产公司，与其合作和合资的企业遍布世界各地。

9.5.2　在美洲的传播

在当今环境恶化的背景下，全球变暖正在引起人类的高度关注。在这种情况下，"双碳"成为全球热议的焦点。美洲地区拥有丰富的可再生能源资源，特别是在风能和太阳能方面具有巨大潜力。未来，美洲各国将加强能源合作，推动绿色能源在能源供应体系中的应用，促进碳中和目标的实现，为全球绿色能源发展作出巨大贡献。美国、加拿大和墨西哥这些美洲国家在绿色能源和碱性碳化的领域取得了一些成就。但是，推进碳中和的工作确实十分复杂。

达成碳中和目标并非易事，因为它涉及各种环境、经济甚至政治因素。它甚至被视为一种个人权利甚至国家主权问题。

1. 美国

与中国、日本、韩国等亚洲国家和欧洲国家不同，美国在挖掘绿色能源革命的巨大潜力上一直行动迟缓。可悲的是，许多美国公众已经认为使用廉价的能源，尤其是石油和煤炭是理所当然的事情。虽然美国人曾经深深感恩他们美丽和奇妙的自然遗产，但是多年来利益集团在贪婪驱使下恣意勘探开发这些遗产，使其沦为牟利的工具。这种对环境可怕的冷漠，使他们很难认识到全球气候变暖和酸雨等问题。这既是一个文化和政治问题，也是一个资源问题。气候变化影响了社会的方方面面。它是环保问题，也涉及经济、公正、治理等许多层面。

（1）美国碳中和进程的不确定性及其发展趋势。

世界大部分地区与美国形成鲜明对比，在这些地方石油等化石燃料价格昂贵，而且环境受到珍视和保护。这里存在一个导向问题：在过去的几十年里，美国的基础能源政策偏向于使用化石燃料。美国的石油产业一直是其经济增长的重要推动者，因此具有强大的政治影响力和刚性需求。美国的多位总统都与石油产业有紧密联系。于是环境敏感性和污染成为其政治话语权中的突出问题，原因是他们与石油产业的利益集团关系密切。此外，一些国会议员还定期尝试削弱美国政府环保局建立的现有政策或法规。

尽管美国承认提高能源效率的必要性，但它缺乏社会方面的协同并仍然没有一个全国性的能源政策；它把问题全推给各州自行解决。其结果是大大减缓了从绿色能源革命中受益的速度，推迟了更健康的生活方式和绿色就业机会的到来。

美国需要建立一个全国性的能源政策，并且这政策应该是具有一贯性的，不受化石燃料利益集团的影响。为实现全球碳中和目标，促使美国在减少温室气体排放和减缓气候变化方面付出努力是非常重要的。

（2）美国加利福尼亚州的行动。

然而，在加利福尼亚州（简称加州）的带领下，美国正在慢慢意识到绿色工业革命的好处。加州有一些独特的地理特征，该州的中心是狭长的农业山谷，周边为高山，南部为被群山包围的城市区。加州南部有因烟雾而闻名的洛杉矶市区，加州中央的大山谷是美国最严重的空气污染区。几十年来，美国加州已经意识到空气质量下降带来的健康问题以及环境恶化问题。另外，20世纪末发生的一场巨大的电力危机几乎使它的高科技经济陷入崩溃，作者曾亲身经历过这一事件，并至今仍感其历历在目。

加州越来越关注空气质量加上经历了电力危机，这两大因素共同促进了政策制定者采取行动。其结果是"加州能源效率战略计划"的出台，该计划最初制定了 2006—2008 年这一重要的三年周期的计划。希望在公用事业缴费人的资助下，加州投入超过 60 亿美元用以提高能源效率，来达到减少 20% 的电力消耗的目标。该计划是以三年为一轮周期，每轮都有数十亿美元的新投入用于能源增效。

加州世界领先的能源效率战略计划使成千上万的工人重回工作岗位，翻新改造了商业供电，并推动了能源结构转型。同时，该计划推动照明产业开发新产品（如装饰性强、高效和高性价比的 LED 灯）和需求响应性可调光镇流器。这种新一代照明产品正在改变市场，为加州创造一个 10 亿美元规模的潜在产业。如果全美都优先执行 LED 和可调光镇流器的更换工作，这将是一个规模达数十亿美元的产业。

加州设定并达到了一个目标：在 2020 年其电力的 33% 来自可再生能源。在 2010 年，为了推进这一目标，加州公共事业委员会经过一年多的考虑，批准了一个补偿上网电价系统，称为可再生拍卖机制。虽然这不是一个典型的补偿上网电价制度，但该制度旨在推动小到中型规模的可再生能源的发展。它要求投资者拥有的电力公司从 1.5MW 到 20MW 的太阳能和其他可再生能源系统中购买电力。

2. 加拿大

加拿大作为世界上最富裕的国家之一，一直在积极推动绿色能源的发展。该国拥有世界上规模数一数二的水电站，并且在依赖清洁能源尤其在风能方面表现出前瞻性和决心。此外，加拿大政府正积极承诺到 2050 年实现碳中和，并采取了一系列的措施来实现这一目标，包括投资碳捕集技术和新型清洁能源技术等。加拿大的这些努力显示出了该国对使用绿色能源和实现碳中和的深度承诺和高度决心。

3. 墨西哥

墨西哥作为一个发展中国家，正在积极推进其绿色能源计划。尽管墨西哥是一个石油输出国，但是其在 2007 年对可再生资源的投入大大提高，表现出对环保的决心。同时，墨西哥是全球绿色债券市场最活跃的国家之一，其清洁能源项目受到了国内外投资者的高度关注，反响良好。

然而，墨西哥在实现碳中和方面还需付出更大的努力。据国际能源署报告，墨西哥是拉丁美洲首个提交长期低碳发展战略的国家，其计划到 2030 年将其温室气体排放量减少 22%。但它在执行中面临着不少挑战，涵盖政策规划、人民支持及执行中利益集团的协调等方面。

9.5.3　在亚洲的传播

亚洲是世界人口最多的地区之一，也是碳排放量最大的地区之一。为了实现可持续发展，亚洲各国正加快推动绿色能源革命，减少对传统化石能源的依赖，加大对可再生能源和清洁能源的投资，积极应对气候变化挑战。亚洲的中国是全球温室气体排放量最大的国家之一，但也是最大的可再生能源生产国之一。中国已设立了碳交易市场，并采取了一系列措施来加快能源结构转型。

亚洲国家在加快推进绿色能源的发展。中国、印度等国家积极推广太阳能、风能、水能等可再生能源，建设大规模的可再生能源发电项目。中国目前是全球最大的太阳能和风能发电国家。按太阳能电池的生产量及其产业发展情况来看，目前中国处于世界领先地位。

亚洲是全球碳排放量最大的地区之一，但它已在积极推进碳中和目标的实现。中国已承诺在 2060 年前实现碳中和。为此，中国正在大力发展可再生能源，特别是太阳能和风能，并减少对煤炭的依赖。印度也在加快可再生能源的部署，通过增加太阳能发电和风电的产能，来减少对化石燃料的需求。尽管人们仍保有第二次工业革命的惯性及对化石燃料的依赖，绿色能源革命仍然悄悄地在世界各地蔓延。亚洲的绿色能源革命从韩国、日本开始，随后在中国取得了巨大的发展。中国作为最大的碳排放国，其实现碳中和对全球来说是至关重要的。中国已经采取了一系列政策和措施，推动绿色能源革命的发展，并在实现碳中和取得了显著进展。

1. 日本

作为一个人口众多的岛国，日本凭借自己的自然资源发展了几百年。尽管日本的自然资源可以被开发利用，但因为其 70% 以上的土地是山地和丘陵，因此对商业、农业和住宅用地的开发是有限的。对此，该国实行了"无废物"策略，这是一种环保理念，该理念旨在实现资源的最大化利用和循环利用。所以该国可以极大限度地减少或消除废物的产生及其对环境的影响。这一理念的源头可以追溯到几个世纪以前，且在日本当今社会依然非常重要。

在古代，由于缺乏大量的牲畜，人类的排泄物不得不被回收用作肥料。

农民意识到将人类排泄物用作肥料可以提高农作物的产量。这种方法被广泛应用于农业，并为人类提供了一个可持续而环保的方式来处理废物。

如今，"无废物"策略在各个领域得到应用，包括工业、农业和家用领域。在工业领域，许多公司着眼于在产品设计阶段采用可回收材料和可降解包装材料，以减少废物的产生。同时，一些公司还引入了循环经济模式，通过回收再利用废弃材料和产品，将废物转化为新的资源。"无废物"策略不仅可以减少对环境的负面影响，还可以创造出更加可持续和健康的未来。

20 世纪 70 年代的阿拉伯石油禁运事件迫使日本和韩国的社会政策走向发展绿色能源革命。到了 20 世纪 80 年代，两国都意识到，虽然碳密集型经济成就了今天的西方社会，但他们的未来不能植根于碳密集型经济。这些国家想要更好地确保能源安全，所以制定了相应的国家政策和方案，以降低其不断增长的对外能源依赖程度。

在日本历史文化中的环境保护意识的影响下，到了 20 世纪 80 年代后期，日本全面开启了绿色能源革命。当时许多领先的日本公司已开始实施环境保护方案，减少了产品的耗水量并回收废物。

日本汽车制造商清楚交通运输造成了一半以上的环境污染。同时，日本政府支持汽车制造商在全球寻找可以缓解和扭转汽车污染的技术。举例来说，丰田公司购买了美国能源部研究实验室研发的再生制动系统的知识产权，并把它安装到普锐斯（Prius）的混合动力系统中。丰田因此成为全球环保能源汽车的领导者之一，并于 2010 年超过破产的通用汽车公司成为世界上最大的汽车制造商。

2023 年，日本的二氧化碳排放量约占全球的 4%，是世界上所有主要工业化国家中占比最低的。尽管如此，日本仍打算到 2050 年降低 60%～80% 的温室气体排放量。在日本，温室气体排放主要来自煤炭燃烧，所以该国正在迅速转向使用可再生能源发电和其他新的技术。

当日本刚开启绿色能源革命时，它们严重依赖核能作为基础能源。在 20 世纪 70 年代，核电站晋升为日本便宜且连续的终极能源解决方案。到 2011 年，日本 30% 的电来自核电站，并计划将这个比例增加至 40%。

因为京都是《联合国气候变化框架公约》缔约方第三次会议的主办地和《京都议定书》的签署地，所以日本承诺将二氧化碳排放量在 1990 年的基础上减少 6%。自 20 世纪 70 年代以来，日本一直处于绿色能源革命的领先地位。日本成为绿色能源革命的先驱，不是因为日本人更聪明或更负责任，而仅仅是因为这个国家需要在狭小的空间养活众多的人口。日本的绿色能源革命并非着眼于宏大事项，而是关注小而实用的解决方案。

2. 韩国

和日本一样，韩国缺乏石油和天然气资源，因此它们在 20 世纪 70 年代转向了使用核电。韩国的重型工业经济需要一个主要的能量来源，于是韩国增加了其核电站的数量，现在韩国 30％的电力来自核电。在建设核电站的热潮退却后，韩国又增加了石油和天然气的发电量。现今，韩国 65％的电力来自火电，主要使用天然气和少量煤，这两者都依靠进口。事实上，韩国在 2010 年曾是世界第五大原油进口国和第二大液化天然气进口国。

但是韩国正在朝着绿色能源革命的方向努力。为了应对碳排放，韩国曾发起了一个"绿色增长专责小组"。并且韩国将其经济刺激资金的 79％都用于开发绿色技术。这么高的投资换得了巨大成功。这个投资比例是所有国家中最高的，这投资使韩国成为世界第七大绿色技术投资国。投资总额中的 240 亿美元将在近 20 年中用于智慧电网基础设施建设。

韩国有相当丰富的海上风能资源，并为之制定了雄心勃勃的计划，它的目标是成为世界第三大离岸风电国。韩国计划建设一个 2.5GW 的风电场，其位于韩国西南海岸线外，包括 500 个 5MW 的风电机组。这个项目计划由政府机构和商业企业共同建设，吸引了总计 82 亿美元的投资。其中 100MW 的容量在 2013 年开始运行，2016 年完成了后续的 900MW，最后的 1.5GW 在 2019 年投入运营。此外，韩国还正在建设潮汐发电站。韩国第一个潮汐发电站于 2011 年开始在人工海水湖始华湖全面运行。该发电站的总输出容量为 254MW，是当时世界上最大的潮汐发电站，超过法国的德拉朗斯潮汐发电站（240MW）。韩国南部和西部海岸具有高而强的潮汐流是众所周知的。韩国还计划在其他两个地方，加露林湾和仁川湾，建设更大的潮汐发电站，输出容量分别为 480MW 和 1GW，并已完成其长期可行性研究。

碳排放上限计划使韩国成为众多给碳污染标价的国家之一。在实施上述计划的过程中，韩国政府称控制本国的碳排放至关重要。从 1990 年到 2020 年，韩国的碳排放已经增加了一倍。韩国政府表示，它们计划到 2030 年使碳排放量比预期水平减少 40％。此外，在国际上，韩国还在积极探索与澳大利亚建立碳交易关系。

韩国政府已经制定了一系列政策和措施来减少碳排放。例如，韩国制定了以能源转型为核心的政策，积极推进可再生能源的开发和利用。韩国企业也在努力减少碳排放。许多韩国企业已经开始投资和研发低碳技术，并实施了一系列环境友好型的措施。而且韩国还提出了碳中和目标，计划在 2050 年前实现碳中和。

3. 中国

自 1953 年以来，中国一直在制定并实施国家经济和社会发展的五年规划。在 20 世纪末 21 世纪初，通过贯彻执行一系列的五年规划，中国将绿色环保理念大量地运用于国有企业和相关民营企业的科学技术和商业领域，使其在世界经济中处于领先地位。

随着世人瞩目的 2008 年北京奥运会的圆满举行，中国进入了绿色能源革命时代。成功举办奥运会后，中国持续投资于清洁能源科技。通过将绿色能源革命应用于工业及其他产业的扩张，如高速列车、磁悬浮列车、地铁、住房、可再生能源系统、供暖制冷发电系统等设施的绿色环保制造，中国向世界展示了绿色能源革命是如何有效刺激了经济发展。

在中国东部沿海的江苏省，地方政府为企业提供了大量发展太阳能的补贴和政策优惠。江苏省集聚了许多中国最主要的太阳能光伏产品的制造商，当地出台的新政策试图创造庞大的市场需求，以吸引大量的多晶硅供应商和太阳能技术制造商。

4. 中国的国际合作成功案例

丹麦公司维斯塔斯是世界上最大的风电设备生产公司，它在中国天津建设了生产风电设备的基地。该基地不仅能够使公司提高生产能力，还能够增加当地风电机组的安装数量。它在向零部件供应商传播先进的风电技术开发专业知识的同时，还为研发人员及学者提供了一个可供学习的实验室。

新加坡是一个东南亚的发达国家。早在 1994 年前，新加坡同意与亚洲的一些城市（如中国的苏州）共享持续发展的计划和战略。它现在已经成为亚洲生态城市的典范。它与中国的多个城市进行着深度的合作，并且在中国展示出了许多具有主题特色的成果。

中国在应用可再生能源应对气候变化方面取得了令人瞩目的成就，这尤其体现在中国提供了全球 60% 的太阳能产品。中国积极推动了太阳能、风能等可再生能源技术及产业的发展。通过积极利用碳汇和其他经济手段，为全世界打造绿色能源体系作出了重要贡献。

中国在碳中和方面展现出了引人瞩目的远见和决心。中国在减少碳排放方面作出了巨大的努力和贡献。中国通过引导和支持可再生能源产业的发展，积极推动绿色能源在国家能源结构中的比重不断提升。

在中国的努力下，太阳能和风能等可再生能源产业蓬勃发展，中国逐渐成为全球闪亮的可再生源供给产地。中国不仅在技术研发方面取得重大突破，还在产业应用和市场推广方面取得良好的成绩。这使中国成为碳中和与可再生能源领域的领先者，为全球应对气候变化贡献了中国力量。

中国在探索未来碳中和路径方面取得了许多令人瞩目的成就。当然，这些成就的背后，离不开一系列成功的国际合作。

9.5.4　在非洲等地的传播

非洲拥有丰富的自然资源和巨大的可再生能源潜力，但同时也面临着能源发展不均衡和能源供应不稳定等问题。未来，非洲各国将加大对绿色能源技术开发和应用的支持力度，推动绿色能源在能源结构中的比重提升，为经济发展注入新动力。为了寻求能源结构的转型，阿拉伯联合酋长国（简称阿联酋）的迪拜成为 2023 年联合国气候变化大会的主办国。

绿色能源革命正在非洲传播，非洲已意识到碳中和的重要性。一些非洲国家计划在未来几十年内实现碳中和，并将可再生能源作为主要能源。例如，埃塞俄比亚计划到 2050 年实现净零排放，并以水能、风能和太阳能为主要能源。

非洲正在积极推动绿色能源的发展。许多非洲国家拥有丰富的自然资源，如太阳能和风能，并正在大规模开发可再生能源项目。埃及、摩洛哥等国家正在大力发展太阳能发电和风电。埃塞俄比亚是一个成功典范，它已经建设了非洲最大的风电项目，为该国提供可持续的电力供应。其他非洲国家也在加快可再生能源的开发，减少对传统燃料的依赖，并改善能源供应的可靠性。沙特阿拉伯建造了巨型太阳能发电系统。中东和北非拥有世界上最大的石油和天然气储量，因而它们似乎不太可能被纳入绿色能源革命的讨论范围。但实际情况是，中东和北非就像世界其他地方一样正在逐渐进入这个新的时代。

许多中东和北非地区国家已经开始采取重要的举措来推动可持续发展和低碳经济转型。例如，阿联酋已成立了可持续发展部门，并致力于推动可再生能源项目和低碳技术的发展。摩洛哥在能源问题上也取得了显著进展，该国的太阳能发电站已经成为全球最大的太阳能发电设施之一。

中东和北非地区国家的绿色能源革命有着非常深远的意义。它意味着全球都在从使用化石燃料向使用可再生能源和可持续发展过渡，绿色能源革命及数字信息技术正对世界产生重大影响。可能由于天然气市场紧缩，加上越来越认识到油气储量可能已经见底，中东和北非地区国家意识到剩余的储备可以有更好的使用方式而非用来发电。中东和北非地区的很多地方都有丰富的太阳能和风能资源，种种因素促使这个地区启动了多个可再生能源项目。

2018 年，摩洛哥建设了当时世界上最大的太阳能光热电站。沙特阿拉伯投资 1090 亿美元用于太阳能的开发利用，其目标是到 2032 年实现太阳能产业可以提供全国 1/3 的电力。沙特阿拉伯投资建设了三期合计 580MW 容量的太阳能光热电站供 100 万人昼夜使用。第一期太阳能光热电站在 2016 年开始运行，第二、三期均在 2018 年投入运行。该国计划在 20 年内建设约 4.1 万 MW 的太阳能发电站，其中约 1.6 万 MW 为光伏发电站，另外 2.5 万 MW 为太阳光热电站。而该国在 2015 年前只有大约 3MW 的太阳能发电设施。

石油价格在近几十年里显著上升。因此，从经济角度来看，沙特阿拉伯发展太阳能很合理。采用太阳能发电将释放其大量石油储备到国际市场。阿联酋作出了巨大努力，按照能源与环境设计先锋标准把迪拜建成样板城市，能源与环境设计先锋的认证在世界建筑师、承包商和工程师之间具有重大影响力。阿联酋总理和迪拜酋长谢赫·穆罕默德创造了一个仙境般的建筑奇迹，这体现在建筑、设施和运输系统等方面。这些非凡天才设计包括位于境内岛屿上的阿拉伯塔酒店和世界上最高的建筑哈利法塔。这些建筑都是以可持续的方式建造的，并且至少获得了能源与环境设计先锋银级认证。其设计旨在减少水和能源的使用量。

阿联酋迪拜是许多绿色创新环保技术的温床，它在可再生能源技术和绿色建筑设计等领域处于非常前沿的地位。目前，迪拜正在积极采取行动以减少碳排放，例如大力发展太阳能和风能技术，并推动政府机构和私人企业使用这些资源。

尽管非洲是一个发展中国家集中的大陆，但它也正在大规模推动绿色能源革命。尤其是在诸如太阳能和风能等领域，非洲已经表现出惊人的潜力和进步。这个大陆正在迅速地掌握并推广可再生能源，为全球的绿色能源革命作出重要的贡献。

9.5.5 绿色能源革命正广泛传播

各国政府和企业需努力对碳中和技术进行研究，并对相关创新予以投资，推动绿色技术的进步。研发人员正在提高可再生能源技术的效率和经济性。碳中和的实现需要强有力的政策支持和完善的监管机制，为此需要各国制定更加严格的减排目标和措施。各国应加强合作，分享经验和技术，推动绿色能源的发展和应用。普及清洁能源知识，开展相关意识教育也是至关重要的，我们应让更多人了解绿色能源的重要性，鼓励他们采取行动。

研究显示，碳中和与绿色能源革命在全球范围内的推进情况十分可喜；在许多国家（特别在欧洲国家）已经立法推动碳中和。各国都意识到了减排和可再生能源的重要性，并采取了一系列措施来推动可持续发展。

在实现绿色能源与碳中和的过程中，人类必须在前沿领域不断创新，完善解决方案。

实现碳中和离不开国际合作。截至 2023 年年底，全球已有 151 个国家提出了各国不同的"碳中和"目标，覆盖全球 92% 的国内生产总值、89% 的人口及 88% 的碳排放。但极端天气事件频发、气候不利影响凸显的严峻现实一再为我们敲响警钟，地缘冲突、单边主义逆流仍然在扩大全球气候治理的赤字，"人类的努力还远远不够，国际合作需进一步加强"。

进行绿色能源革命是全球能源转型的必然趋势，各国正在碳中和、气候变化和可持续发展等方面加强合作，共同推动绿色能源在世界各地的传播和应用。各国正通过共同努力，为实现全球绿色能源发展目标，建设清洁美丽的地球作出贡献。

公众教育将成为推动气候行动的关键。唤起全球社会对气候变化的关注和行动，培养更多有较强环保意识、有可持续发展观念的公民，激励更多人积极参与碳中和气候行动，将成为推动全球气候治理进程的重要力量。

9.6　结论

经过前面 8 章和本章的深入研究探讨，我们尽可能全面地阐述了多种可再生能源技术和方案，清楚地展示了碳中和的重要性。回顾我们的讨论和发现，可以得出一些关键性的结论。我们总结了几个能够制定一个成功、有力并有效的碳中和战略的关键因素。

碳中和是指通过削减、修复或吸收等手段抵消人类活动产生的二氧化碳，实现二氧化碳净零排放。碳中和是绿色能源革命的奠基石。

在国家层面上引进和利用可再生能源是能源结构调整的关键之一。在本书第 6 章也是最大的章节中，我们描述说明了各种各样主流的可再生能源及其产业化。从中我们知道，国家层面的政策，如税收优惠、立法支持创新等，对推动可再生能源的发展起了很重要的作用。

首先，我们再次强调，国际合作在碳中和的实现中，是极其重要的一环。气候变化是全球性的问题，不分国界和地域，任何国家都无法单独解决这个问题。只有全球团结一致，我们才能共同攻克这个难题。我们应鼓励各国共享技术、知识和资源，共同承担责任，推动全球碳中和的发展进程。

其次，内循环也是一个关键。我们必须确保碳排放和碳消纳的平衡，以确保地球的碳循环持续正常运行。我们需要发展和利用更加有效的碳吸收技术，同时也要减少碳排放，维护碳排放和碳消纳的内循环。

最后，但同样重要的是，我们要认识到能源是国家的关键资源，甚至关系到国家安全。我们必须用好绿色能源、智慧能源，这是我们实现碳中和，保护国家能源安全的关键所在。

展望未来，我们期待的是一个绿色、清洁、可持续的世界。尽管挑战重重，但只要我们共同努力，为碳中和、为地球的未来，付出我们的努力和智慧，我们一定能够在未来实现碳中和，实现我们的绿色梦想。

最后，我们对碳中和的研究在此收尾。我们期待在未来的道路上，能和大家一同实现碳中和的目标，走向我们绿色、清洁、可持续的未来。

附　　录

附录 A　气候反常案例：一座海滨城市的报道

据报道，中国东海某海滨城市 2023 年的天气分布状况如图 A-1 所示。

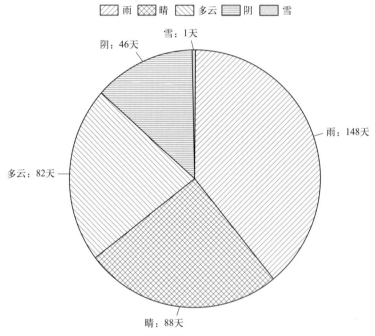

图 A-1　中国东海某海滨城市 2023 年的天气分布状况

市气象台发布该市全年有 8 大天气气候事件，总结如下。

（1）2023 年年温为均气温位居历史第二高位。全市年平均气温为 18.3℃，较常年偏高 0.8℃。并且该市秋季高温创下了历史纪录。

（2）盛夏季节降水丰，秋季雨量少一半。秋季平均降水量达 182mm，较常年偏少近五成，部分地区出现干旱现象，山塘水库蓄水量大幅减少。

（3）对流云团多影响，七月雷电特频繁。全年发生地闪 56060 次，较常年偏多 1.5 倍。市年平均雷暴日数达 34 天，主要集中在 4—9 月。

（4）春末夏初海雾浓，海上交通影响大。受暖湿气流影响，春末夏初沿海地区和沿海海面频繁出现低能见度天气。

（5）入梅偏晚，出梅迟，雨量偏少两成半。市平均梅雨量为 200mm，较常年偏少两成半。其中，梅雨量最少的区县为 139mm，偏少近五成。雨形势不寻常，梅中有伏，降水分布不均匀。

（6）超强台风"杜苏芮"影响较长，雨势强。"杜苏芮"影响该市时间较长（4 天）。

（7）过程降温十几度，温暖城市出现反常速冻。2023 年 12 月 14 日，该市部分地区日最高气温打破当地 12 月纪录，其中某区最高达 28.6℃。2023 年 12 月 16 日该市进入气象学意义上的冬天，较常年平均日期（12 月 4 日）晚 12 天。

（8）冷空气两番来袭，持续冰冻达十年之最。受寒潮和冷空气补充影响，2023 年 12 月 21 日至 26 日该市出现持续低温冰冻天气。

附录 B　环境保护与风能利用

环境保护与碳中和是当今世界上最备受关注的话题。图 B-1 展示了气候变化对地球生态的影响，从中我们应该意识到，保护脆弱的地球生态是当代人义不容辞的责任。实行环保措施对缓解气候变化至关重要。这些措施旨在减少对自然资源的过度消耗，降低碳排放，提高环境质量。

世界各国一直在努力保护环境，减少污染，保护野生动植物，维护生态平衡。这些国家采取了一系列措施，包括加强监管、制定法规、推广可再生能源、改善公共交通、鼓励可持续农业和减少塑料污染等。

作为一项重要的环保策略，碳中和的核心思想是在一定时期内将排放的二氧化碳净排放量降至零。许多国家已经在采取积极的措施来实现碳中和，包括推广清洁能源、减少化石燃料的使用、增加森林覆盖率、鼓励碳市场交易等。碳中和有望减少全球气候变化的影响，维护生态平衡，以及确保可持续的未来。

在各国努力下，联合国于 1982 年通过了《世界自然宪章》。该宪章承认有必要保护自然免受人类活动造成的进一步破坏。它指出，必须在从国际到个人的所有社会层面采取措施保护自然。它概述了可持续利用自然资源的必要性，并建议将保护资源纳入国家和国际法律体系。为了进一步研究保护自

图 B-1　气候变化对地球生态的影响

（上图：北极冰川快速融化；下图：地球正面临环境生态危机）

然资源的重要性，由世界自然保护联盟，世界自然基金会和联合国环境规划署于 1990 年制定的世界可持续发展伦理中列出了可持续性的八条价值观，其中包括保护自然资源免受损耗。自这些文件制定以来，人类已经采取了许多措施来保护自然资源，包括建立科学理论体系、开展生物学研究及落实栖息地保护等。

联合国的资源框架分类涉及了一些名称定义或重要概念。这些概念与可持续发展紧密相关。

现将这些名称和概念列举如下，便于读者学习和参考。

（1）生物资源（Biological Resources）：生物资源指的是所有自然界中的生物体，包括植物、动物、微生物等。这些生物资源对于维持生态平衡、提供食物和药品，以及支持人类生活和经济发展都至关重要。

（2）非生物资源（Non - Biological Resources）：非生物资源指的是与生物体无关的自然资源，如矿物、岩石、能源等。这些资源直接或间接地对人类的生存和经济发展产生影响。

（3）潜在资源（Potential Resources）：潜在资源指的是尚未得到开发或利用，但具备一定潜在的经济及社会价值的自然资源。资源未被开发利用可能是由于受技术、经济、法规等因素限制，但它们仍具备未来开发的潜力。

（4）实际资源（Actual Resources）：实际资源指的是已经得到开发和利用的自然资源。这些资源已经被人类利用，并形成了可供使用的物质和能源。

（5）储量（Reserves）：储量是指已经发现或已知存在的可开采的自然资源量。储量的估计常常基于现有的技术和经济条件，其结果可以用于商业化的开发。

（6）存量（Stock）：存量指的是某一时刻在特定区域内存在的自然资源量。存量可以随时间发生变化，受开采、利用和再生等因素的影响。

（7）可再生资源（Renewable Resources）：可再生资源是指可以通过自然过程或人为回收再生的资源，如太阳能、风能和水能等。这些资源在适当的管理下，具备可持续利用的特点。

（8）不可再生资源（Non‐Renewable Resources）：不可再生资源是指存在数量有限且无法通过自然过程再生的资源，如石油、天然气、煤炭等。开采和利用这些资源会导致其逐渐枯竭。

（9）个人资源（Personal Resources）：个人资源指的是个体所拥有的、可以用于满足其个人需求的资源，如金钱、时间、技能等。

（10）社区资源（Community Resources）：社区资源指的是某一特定社区内可供社区成员共同利用的资源，如公共设施、自然环境、社区团体等。

（11）国家资源（National Resources）：国家资源是指某一国家境内的自然资源总体，包括土地、水资源、矿产资源等。这些资源是国家发展和增进国民福祉的重要基础。

（12）国际资源（International Resources）：国际资源指的是跨越国家界限、需要各国共同合作维护和利用的资源，如边界河流、大洋资源等。

（13）萃取（Extraction）：萃取指的是从自然环境中获取和提取资源的过程。这可能涉及采矿、捕捞、森林伐木等活动。

（14）枯竭（Depletion）：枯竭指的是资源由于过度开采或过度利用而减少或完全耗尽的过程。不可再生资源发生枯竭可能会给社会经济和自然环境带来严重影响。

以上是联合国资源框架分类中的一些重要概念，它们在环境保护和碳中和的实践中起到了重要的指导作用。有效管理和合理利用资源，是未来实现可持续发展的关键。

从可再生资源利用和生态环保的工作中，我们可以学到关于合作、技术创新、教育和可持续发展的关键知识。我们需要认识到气候变化是全球性的挑战，而不仅仅是某个国家的问题。推进碳中和发展以应对全球性的环境挑战，我们需要学习怎样落实以下行动。

跨国合作：解决全球环境问题需要国际合作，我们需要与其他国家一起努力，共同应对气候变化和环境恶化。

自我负责：每个人都有责任采取个人行动，减少碳足迹，支持环保政策，以便共同创造更可持续的未来。

保持灵活性和适应性：我们需要灵活适应不断变化的环境挑战，在制定策略和实施计划时，考虑并拥抱具有不确定性的未来是至关重要的。

B.1　有关自然资源的讨论

自然资源可以作为一个独立的实体存在，如淡水、空气或任何生物体；它可以被人类利用，转化为一种具有经济价值的形式。必须经过加工才能利用资源，如金属矿石、稀土元素、石油、木材和大多数形式的能源都需要加工。一些资源是可再生的，这意味着以一定的速度使用这些资源，自然过程或人工经营可以补充已消耗的资源，而人类的很多活动仍在依赖只能开采一次的不可再生资源。

自然资源分配可能会在国家内部和国家之间引发经济和政治冲突。在自然资源日益稀缺的时期尤其如此。可持续发展目标和其他国际发展议程经常侧重于推动资源开采向更可持续的方向发展，一些学者和研究人员也专注于构建如循环经济之类的经济模式，这类模式旨在减少对资源开采的依赖，使人们更多地关注可持续管理和可再生资源。

马克萨斯群岛法图希瓦的热带雨林是一处未受侵扰的自然资源。热带雨林为人类提供木材，为动物提供食物、水和住所。生物之间通过营养关系形成食物链，促进生物多样性。

马来西亚京那巴鲁山的卡森瀑布是另一处未受侵扰的自然资源。瀑布为人类、动物和植物的生存提供了水资源，其本身也是水生生物的栖息地。此外，水流还可用于进行水力发电。

海洋蕴含着丰富的自然资源。海浪可产生波浪能，这是一种可再生能源。

海水在盐的生产、海水淡化和为海洋生物提供栖息地等方面发挥了重要作用。

B. 2　有关风能的讨论

　　风能是中国最丰富的可再生能源之一，因此其对未来实现碳中和至关重要。风电机组在建设及整个生命周期中都很环保，它不会释放污染空气或水的排放物；它可以在对环境或附近居民生计影响最小的情况下建造。例如，农民和牧民可以将他们的土地出租给风电场，并且由于风电机组占用的空间很小，因此他们可以继续种植农作物或饲养牲畜，同时获得稳定的收入。

　　风电行业正在努力调研各种影响风能利用的因素并进行研究。研究内容包括通过一个风电机组的风如何与后面另一个风电机组相互作用，评估验证新技术的最佳方法等。为了寻找哪些领域需要予以关注，行业人士听取了居住在风电场附近的居民、使用风能发电机的社区以及研发团队的反馈。

　　为了使风电行业更为环境友好，研究人员正不懈努力。例如，研究人员正在研究减小风电机组对野生动物的影响的方法。通过声音和光线可以警告在风电机组周围飞行的鸟类和蝙蝠。另外，他们使用热成像研究风电机组周围的蝙蝠的行为，这可以跟踪蝙蝠的体温，以更好地了解飞行生物和风电场之间的相互作用。另外，研究人员已经发现了进一步降低风电机组噪声水平的方法，这有助于改善风电机组必须安装在离家庭足够远的地方，以确保它们产生的噪声不超过冰箱的嗡嗡声的现状。此外，研究人员正在研究采用不同的材料和设计，使风电叶片更轻、更长、更耐用，并且能更好地利用风能。一些新材料和工艺可以使风电机组部件实现重复使用或回收，从而有效减少浪费。新技术还可以降低风电机组的制造、安装、操作和维护成本，使更多人更容易地利用风能。

参 考 文 献

第 1 章

丁华杰，宋永华，胡泽春，等，2013. 基于风电场功率特性的日前风电预测误差概率分布研究 [J]. 中国电机工程学报，2013，33 (34)：136 – 144.

龚莺飞，鲁宗相，乔颖，等，2016. 光伏功率预测技术 [J]. 电力系统自动化，40 (4)：140 – 151.

国际能源署，2021. 全球能源部门 2050 年净零排放路线图 [R/OL]. https：//iea. blob. core. windows. net/assets/f4d0ac07 – ef03 – 4ef7 – 8ad3 – 795340b37679/NetZero-by2050 – ARoadmapfortheGlobalEnergySector＿Chinese＿CORR. pdf.

刘士荣，李松峰，宁康红，等，2013. 基于极端学习机的光伏发电功率短期预测 [J]. 控制工程，20 (2)：372 – 376.

唐甜，2016. 欧盟气候与能源政策研究 [D]. 长春：吉林大学.

王成山，李鹏，2010. 分布式发电、微网与智能配电网的发展与挑战 [J]. 电力系统自动化，34 (2)：10 – 14.

王成山，武震，李鹏，2014. 微电网关键技术研究 [J]. 电工技术学报，29 (2)：1 – 12.

王珂，姚建国，姚良忠，等，2014. 电力柔性负荷调度研究综述 [J]. 电力系统自动化，38 (20)：127 – 135.

新华社，2020. 习近平在第七十五届联合国大会一般性辩论上发表重要讲话 [EB/OL]. http：//www. gov. cn/xinwen/2020 – 09/22/content＿5546168. htm.

新华网，2012. 日本公布可再生能源发展新战略 [EB/OL]. https：//www. cma. gov. cn/2011xwzx/2011xqhbh/2011xdtxx/201209/t20120904＿184230. html.

徐立中，2011. 微网能量优化管理若干问题研究 [D]. 杭州：浙江大学.

杨志鹏，2019. 含冷热电联供和储能的微能源网优化调度研究 [D]. 济南：山东大学.

袁越，李振杰，冯宇，等，2010. 中国发展微网的目的方向前景 [J]. 电力系统自动化，34 (1)：59 – 63.

张海龙，2014. 中国新能源发展研究 [D]. 长春：吉林大学.

周孝信，陈树勇，鲁宗相，等，2018. 能源转型中我国新一代电力系统的技术特征 [J]. 中国电机工程学报，38 (7)：1893 – 1904.

IPCC，2018. Global warming of 1.5℃ [R/OL]. https：//www. ipcc. ch/site/assets/up-loads/2018/11/SR1.5＿SPM＿Low＿Res. pdf.

UNFCCC，2015. The Paris agreement［EB/OL］. https：//unfccc. int/sites/default/files/re-source/parisagreement _ publication. pdf.

第 2 章

淳伟德，张业霞，陈威，2022. 碳限额与碳交易机制研究现状及趋势展望［J］. 电子科技大学学报（社科版），24（1）：92 - 104.

龚芳，袁宇泽，2022. 从三方面完善碳市场监管与风险管理制度［EB/OL］. http：//www. chinacer. com. cn/shuangtan/2022022516876. html.

国家发展改革委，国家能源局，2022. 国家发展改革委 国家能源局关于完善能源绿色低碳转型体制机制和政策措施的意见［EB/OL］. https：//www. gov. cn/zhengce/zhengceku/2022 - 02/11/content _ 5673015. htm.

蓝虹，陈雅函，2022. 碳交易市场发展及其制度体系的构建［J］. 改革（1）：57 - 67.

李通，2012. 碳交易市场的国际比较研究［D］. 长春：吉林大学.

生态环境部，2023. 生态环境部应对气候变化司相关负责人就《2021、2022 年度全国碳排放权交易配额总量设定与分配实施方案（发电行业）》答记者问［EB/OL］. https：//www. mee. gov. cn/ywdt/zbft/202303/t20230316 _ 1019719. shtml.

熊灵，齐绍洲，沈波，2016. 中国碳交易试点配额分配的机制特征、设计问题与改进对策［J］. 社会科学文摘（7）：61 - 62.

周鹏，闻雯，王梅，2020. 碳交易效率与企业减排决策研究［M］. 东营：中国石油大学出版社.

European Commission，2024. EU emissions trading system［EB/OL］. https：//climate. ec. europa. eu/eu - action/eu - emissions - trading - system - eu - ets _ en.

NEWELL R G，PIZER W A，2003. Regulating stock externalities under uncertainty［J］. Journal of Environmental Economics and Management，45（2）：416 - 432.

STARVINS R N，2008. Addressing climate change with a comprehensive US cap - and - trade system［J］. Oxford Review of Economic Policy，24（2）：298 - 321.

World Bank，2019. Doing business 2019：training for reform［M/OL］. Washington D. C.：World Bank. https：//openknowledge. worldbank. org/entities/publication/da6fb007 - 2c2e - 57d4 - 8b70 - e52c6bbbbc60.

ZHANG H J，DUAN M S，DENG Z，2019. Have China's pilot emissions trading schemes promoted carbon emission reductions？ - the evidence from industrial sub - sectors at the provincial level［J］. Journal of Cleaner Production，234：912 - 924.

第 3 章

联合国粮食及农业组织，2019. 畜牧业的巨大阴影：环境问题与选择［M］. 黄佳琦，等，译. 北京：中国农业出版社.

中国气象局气候变化中心，2024. 中国气候变化蓝皮书（2024）[R]. 北京：科学出版社.

IPCC，2019. The 2019 refinement to the 2006 IPCC guidelines for national greenhouse gas inventories [R/OL]. https：//www. ipcc. ch/report/2019 - refinement - to - the - 2006 - ipcc - guidelines - for - national - greenhouse - gas - inventories/.

NASA，2022. Scientific consensus：earth's climate Is warming [EB/OL]. https：// climate. nasa. gov/scientific - consensus. amp.

UNFCCC，2015. The Paris agreement [EB/OL]. https：//unfccc. int/sites/default/files/resource/parisagreement _ publication. pdf.

UNFCCC，2021. COP26 Reaches consensus on key actions to address climate change [EB/OL]. https：//unfccc. int/news/cop26 - reaches - consensus - on - key - actions - to - address - climate - change.

United Nations，2023. COP28 Declaration on climate，relief，recovery and peace [EB/OL]. https：//www. un. org/climatesecuritymechanism/en/essentials/rio - conventions/unfccc/cop28 - declaration - climate - relief - recovery - and - peace.

第 4 章

苏家鹏，2022. 基于负荷侧管理和双储能模式的微电网多时间尺度能量优化调度研究 [D]. 宁波：宁波大学.

生态环境部，2023. 生态环境部应对气候变化司相关负责人就《2021、2022 年度全国碳排放权交易配额总量设定与分配实施方案（发电行业）》答记者问 [EB/OL]. https：// www. mee. gov. cn/ywdt/zbft/202303/t20230316 _ 1019719. shtml.

COUTO A，ESTANQUEIRO A，2020. Exploring Wind and Solar PV Generation Complementarity to Meet Electricity Demand [J]. Energies，13 (16)：4132.

JIN A J，2023. Fundamental theory on multiple energy resources and related case studies [J]. Scientific Reports，13：10965.

ZHANG L，WANG Y，2019. The impact of utilization frequency on the economics of battery energy storage systems [J]. Renewable Energy，135：502 - 510.

第 5 章

苏家鹏，2022. 基于负荷侧管理和双储能模式的微电网多时间尺度能量优化调度研究 [D]. 宁波：宁波大学.

CAGNANO A，DE TUGLIE E，MANCARELLA P，2020. Microgrids：overview and guidelines for practical implementations and operation [J]. Applied Energy，258：114039.

CHEN C，DUAN S，CAI T，2011. Smart energy management system for optimal microgrid economic operation [J]. IET Renewable Power Generation，5 (3)：258 - 267.

CHU S，MAJUMDAR A，2012. Opportunities and challenges for a sustainable energy future ［J］. Nature，488：294 - 303.

CORTESC C A，CONTRERAS S F，SHAHIDEHPOUR M，2018. Microgrid Topology Planning for Enhancing the Reliability of Active Distribution Networks ［J］. IEEE Transactions on Smart Grid，9（6）：6369 - 6377.

LI Z H，CHEE K W，YANG Z H，et al，2020. Case study of a clean energy solution by employing the distributed energy sources based on perovskite solar cells ［J］. American Journal of Science Engineering and Technology，5（2）：96 - 104.

LIU D W，SU J P，LI Z H，et al，2020. Four - level Simulation Model of Photovoltaic Matrix ［J］. American Journal of Science，Engineering and Technology，5（2）：102 - 108.

MUHTADI A，PANDIT D，NGUYEN N，et al，2021. Distributed energy resources based microgrid：review of architecture，control，and reliability ［J］. IEEE Transactions on Industry Applications，57（3）：2223 - 2235.

SU J P，LI Z H，JIN A J，2021. Practical model for optimal carbon control with distributed energy resources ［J］. IEEE Access，9（11）：161603 - 161612.

第 6 章

岑彬，2022. "双碳"背景下可再生能源发展中"弃风弃光"的问题及消纳措施 ［J］. 中阿科技论坛（中英文）（10）：60 - 63.

国家能源局，2021. 国家能源局 2021 年四季度网上新闻发布会文字实录 ［EB/OL］. https：//www. nea. gov. cn/2021 - 11/08/c _ 1310298464. htm.

国家能源局，2022. 国家能源局 2022 年二季度网上新闻发布会文字实录 ［EB/OL］. https：//nfj. nea. gov. cn/xwzx/gjnyjdt/202308/t20230823 _ 23636. html.

国网能源研究院有限公司，2020. 2020 中国新能源发电分析报告 ［R］. 北京：中国电力出版社.

何伟，2021. 全面进军新综合能源市场 助力集团转型发展 ［EB/OL］. http：//www. scsbd. com/go. htm? url＝xq&k＝gong　si _ xin _ wen&id＝16619.

胡洋，马溪原，雷博，等，2018. 储能促进南方电网地区新能源消纳的可行性研究 ［J］. 南方电网技术，12（9）：53 - 61.

蓝静，朱继忠，李盛林，等，2022. 考虑碳惩罚的电化学储能消纳风光与调峰研究 ［J］. 综合智慧能源，44（1）：9 - 17.

李建林，姜冶蓉，张利军，2021. 青海省电化学储能政策建议及商业模式探索 ［J］. 能源科技，19（5）：7 - 12.

杨裕生，2020. 发展化学储能有助于解决弃风、弃光难题 ［J］. 电力设备管理（3）：23 - 24.

杨月，钟良，王为人，等，2019. 泛在电力物联网建设下消纳弃风弃光资源的储能系统综述 [J]. 中外能源，24 (6)：92-99.

赵英庆，2015. 风力发电机原理及风力发电技术 [J]. 科技资讯，13 (25)：25-26.

中国可再生能源学会，2023. 2023 年中国光伏技术发展报告简版 [R/OL]. http：// www. cres. org. cn/zk/yjbg/art/2024/art _ 539aba3e919d4f14a8f6dae24a46a144. html.

AL - AWSH W A，AL - AMOUDI O S B，AL - OST M A，2021. Experimental assessment of the thermal and mechanical performance of insulated concrete blocks [J]. Journal of Cleaner Production，283：124624.

ARICÒ A S，BRUCE P，SCROSATI B，2005. Nanostructured materials for advanced energy conversion and storage devices [J]. Nature Materials，4：366-377.

IRENA，2023. Renewable energy statistics 2023 [R/OL]. https：//www. irena. org/-/media/ Files/IRENA/Agency/Publication/2023/Jul/IRENA _ Renewable _ energy _ statistics _ 2023. pdf.

JIN A J，2010. Transformational relationship of renewable energies and the smart grid [M] // CLARK W. Sustainable communities design handbook：green engineering，architecture，and technology. Oxford：Butterworth - Heinemann.

JIN A J，CLARK W，COKE G，2015. Sustainableenergy break through and green industrialization [M]. Irvine，US：Scientific Research Publishing.

LI Z H，CHEE K W，YANG ZH，et al，2020. Review of an emerging solar energy system：the perovskite solar cells and energy storages [J]. Advanced Materials Letters，11 (5)：1-8.

LIAO X F，ZHANG L，CHEN L，et al，2017. Room temperature processed polymers for highefficient polymer solar cells with power conversion efficiency over 9% [J]. Nano Energy，37：32-39.

LIU C，LI F，MA L P，et al，2010. Advanced materials for energy storage [J]. Advanced Materials，22 (8)：E28-E62.

SHY S S，HSIEH S C，CHANG H Y，2018. A pressurized ammonia - fueled anode - supported solid oxide fuel cell：power performance and electrochemical impedance measurements [J]. Journal of Power Sources，396：80-87.

ZHAO B，RAN R，LIU ML，et al，2015. A comprehensive review of Li4Ti5O12 - based electrodes for lithium - ion batteries：the latest advancements and future perspectives [J]. Materials Science and Engineering：R：Reports，98：1-71.

第 7 章

麦克卢汉，2011. 理解媒介：论人的延伸 [M]. 何道宽，译. 南京：译林出版社.

JIN A J，2010. Transformational relationship of renewable energies and the smart grid ［M］// CLARK W. Sustainable communities design handbook：green engineering，architecture，and technology. Oxford：Butterworth - Heinemann.

JIN A J，CLARK W，COKE G，2015. Sustainableenergy break through and green industrialization ［M］. Irvine，US：Scientific Research Publishing.

第 8 章

ADOMAITIS N，2019. Norway's equinor to cooperate with China's CPIH in offshore wind ［EB/OL］. https：//www. reuters. com/article/world/europe/norways - equinor - to - cooperate - with - chinas - cpih - in - offshore - wind - idUSKBN1WA1F9/.

Bloomberg News，2022. China's clean energy growth outlook for 2022 keeps getting bigger ［EB/OL］. https：//financialpost. com/pmn/business - pmn/chinas - clean - energy - growth - outlook - for - 2022 - keeps - getting - bigger.

China Energy Portal，2019. 2019 electricity & other energy statistics（preliminary）［EB/OL］. https：//chinaenergyportal. org/en/2019 - electricity - other - energy - statistics - preliminary/.

CHIU D，2017. The east is green：China's global leadership in renewable energy ［R/OL］. https：//csis - website - prod. s3. amazonaws. com/s3fs - public/171011 _ chiu _ china _ Solar. pdf? i70f0uep _ pGOS3iWhvwUlBNigJMcYJvX.

DENG H F，FARAH P D，WANG A，2015. China's role and contribution in the global governance of climate change：institutional adjustments for carbon tax introduction，collection and management in China ［J］. Journal of World Energy Law & Business，8（6）：581 - 599.

EIA，2021. Annual Energy Outlook 2021 ［EB/OL］. https：//www. eia. gov/outlooks/aeo/tables _ side. php.

MATHEWS J A，TAN H，2014. Economics：manufacture renewables to build energy security ［J］. Nature，513：166 - 168.

ROSE M，2016. China's solar capacity overtakes Germany in 2015，industry data show ［EB/OL］. https：//www. reuters. com/article/markets/chinas - solar - capacity - overtakes - germany - in - 2015 - industry - data - show - idUSL3N15533U/.

Statista Research Department，2024. Distribution of the total primary energy supply in France in 2021 ［R/OL］. https：//www. statista. com/statistics/1341152/energy - mix - france/.

UN DESA，2011. 2011：the global social crisis ［R/OL］. https：//social. desa. un. org/sites/default/files/publications/2023 - 03/World％20Social％20Report％202011. pdf.

第 9 章

Climate Vulnerable Forum，Fundación DARA Internacional，2012. Climate vulnerability monitor：2nd edition ［R］. Madrid：Fundación DARA Internacional and Climate Vulnerable Forum.

HENRIK L，ØSTERGAARD P A，CONNOLLY D，et al，2017. Smart energy and smart energy systems ［J］. Energy，137：556 – 565.

致　　谢

尊敬的读者：

　　在《碳中和与绿色能源系统》专著即将付梓之际，我怀着无比感激的心情，向所有为本书的完成提供支持、帮助与鼓励的机构、团队和个人致以最诚挚的谢意。

　　首先，衷心感谢关心本专著的撰写、出版的各级领导同志。本书的诞生离不开他们长期的关怀和大力支持，特别是本专著的形成有着多个省部级项目的支撑。感谢我们金安君院士的老东家——中国华能集团，集团领导和同事们以开放、包容的姿态为本书提供了宝贵的行业资源与实践经验。另外，专著的形成离不开多位不同高校专家的鼎力合作，他们深厚的理论造诣和丰富的实战经历为本书增添了学术深度与广度，也延展了对相关项目的指导。

　　特别感谢北京大学出版社对本书出版的重视与支持，该社一如既往的严谨的学术态度和卓越的专业能力，为本书的顺利出版提供了坚实保障。在编辑团队的深入细致指导下，我们反复对专著进行了多方面修订，并按照要求拓展和补充了很多内容，专著也在此过程中得到持续改进，最终能高质量呈现在读者面前。在此，我们要向王显超主任、许飞编辑以及王棣师妹致以特别的敬意——你们的职业精神、专业服务与耐心指引，是本书能够如期完成的关键。同时，也感谢国内外多家知名出版社对本书的关注与实质性探讨，你们的认可让我们倍感荣幸。

　　本书的完成离不开多位泰斗和行业大咖的指导与支持，尤其感谢李挥院士及来自中国华能集团的专家们的指点，其真知灼见使专著的理论框架与实践案例等内容臻于完善。此外，北大校友们的热情鼓励与无私帮助，为我们坚持把专著深入下去提供了强大精神力量，同时也让我这个北大人深刻感受到母校精神的传承与力量。

　　回顾本书的创作历程，可谓"四年磨一剑"。作者团队几易其稿，在碳中和与绿色能源系统的复杂领域中不断探索、精益求精。特别是在我们团队二十多年的可持续能源的职业实践过程中，我们得到了多家单位/机构的协作支持，相关成果已在多个应用场景中落地，这既为专著提出"理论"提供了丰富的营养，也为"理论"更好指导实践提供了现实依据，应该说本书是团队多年心血的结晶。在此，我们还要感谢专著编委会全体成员的大力支持。

最后，我们要将最深沉的谢意献给我们的亲友与合作者们。正是你们默默的付出与坚定的支持，让我们坚持到了最后。你们的理解与陪伴，是本书最终圆满收尾的重要力量。本专著出版并非终点，而是新征程的起点。未来，我们将带着这份感恩，继续深耕碳中和与绿色能源领域，为推动能源变革、实现可持续发展贡献更多力量！

专著能在北京大学出版社出版，是我们学术生涯中的一件幸事，也是人生中值得铭记的重要时刻，谨以此书献给所有为绿色能源与碳中和事业奋斗的同人，愿我们携手共进，为全球可持续发展贡献智慧与力量！

再次向所有支持者和读者们道一声：感恩有你，一路同行！

金安君

李勇

2025 年 5 月 16 日